Lars Rayher, Roman Simschek, Fabian Kaiser

Jira
Scrum erfolgreich umsetzen

Lars Rayher
Roman Simschek
Fabian Kaiser

Jira

Scrum erfolgreich umsetzen

UVK Verlag · München

Lars Rayher ist Experte und Trainer für Jira bei den Agile Heroes. Gründer und Inhaber der Agile Heroes sind **Roman Simschek** und **Fabian Kaiser**. Das Team der Agile Heroes berät in Deutschland, Österreich und der Schweiz namhafte Unternehmen und helfen dabei, Projekte durch die Anwendung Agiler Methoden wie Scrum. Kanban und Design Thinking erfolgreich zu machen.
www.agile-heroes.de

Bibliografische Information der Deutschen Bibliothek

Die Deutsche Bibliothek verzeichnet diese Publikation in der Deutschen Nationalbibliografie; detaillierte bibliografische Daten sind im Internet über <http://dnb.ddb.de> abrufbar.

Das Werk einschließlich aller seiner Teile ist urheberrechtlich geschützt. Jede Verwertung außerhalb der engen Grenzen des Urheberrechtsgesetzes ist ohne Zustimmung des Verlages unzulässig und strafbar. Das gilt insbesondere für Vervielfältigungen, Übersetzungen, Mikroverfilmungen und die Einspeicherung und Verarbeitung in elektronischen Systemen.

ISBN 978-3-7398-3009-4 (Print)
ISBN 978-3-7398-8009-9 (E-PDF)
ISBN 978-3-7398-0507-8 (E-PUB)

© UVK Verlag München 2019
– ein Unternehmen der Narr Francke Attempto Verlag GmbH & Co. KG

Einbandgestaltung: Vanessa Seitz, Tübingen
Druck und Bindung: CPI books GmbH. Leck

UVK Verlag
Nymphenburger Straße 48 · 80335 München
Tel. 089/452174-65
www.uvk.de

Narr Francke Attempto Verlag GmbH & Co. KG
Dischingerweg 5 · 72070 Tübingen
Tel. 07071/9797-0
www.narr.de

Vorwort

Jira hat sich als Marktstandard zur Umsetzung größerer und komplexer Scrum-Projekte durchgesetzt. Jira bietet die Möglichkeit, alle wesentlichen Artefakte und Events des Scrum-Prozesses in digitaler Form abzubilden. Jira-Software wurde entwickelt, um Scrum-Teams das Planen, Verfolgen und Releasen von Software oder Produkten zu ermöglichen. Zusätzlich bietet Jira die Möglichkeit, mit Hilfe von Echtzeit-Reporting den Progress im Projekt im Auge zu behalten. Durch die Individualisierungsmöglichkeiten innerhalb der Jira-Administration kann Jira an sämtliche Team- und Projektbedürfnisse angepasst werden und bildet somit dein Projekt optimal ab.

Innerhalb dieses Buches wird dir mithilfe unserer erfahrenen Jira- und Scrum-Coaches das benötigte Wissen vermittelt. Die Autoren haben jahrelange Praxiserfahrung. Du lernst alle Themen rund um die **Anwenderseite** in Jira, also die Seite, mit der du jeden Tag in Jira arbeitest. Folgende Themen gehören dazu:

- Jira-Begriffe
- Arbeiten mit dem Arbeitsablauf
- Reporting
- Umgang mit deinem Scrum Board
- Sprint Planning in Jira
- Entwicklungsarbeit in Jira

Zusätzlich erlernst du alle relevanten Themen zur Jira-Administration. Das bedeutet, wie individualisiert du Jira, damit es genau das abbildet, was du möchtest. Folgende Themen werden im Buch behandelt:

- Jira-Inbetriebnahme
- Benutzerverwaltung

- Rollen und Gruppen
- Arbeitsabläufe
- Bildschirmmasken
- Felder
- Berechtigungen
- Benachrichtigungen

Zusätzlich bekommst du in diesem Buch eine Einführung in Scrum, indem du die wichtigsten Begriffe von Scrum erlernst. Zudem wird der komplette Scrum-Prozess abgebildet. Folgende Themen werden in diesem Buch vermittelt:

- Scrum-Rollen
- Scrum-Artefakte
- Scrum-Events
- Scrum-Prozess

Nachdem du dieses Buch gelesen hast, bist du fit sowohl in den Grundlagen von Scrum als auch in der Anwendung von Jira. Und dies sowohl als Anwender als auch als Administrator. Das Buch richtet sich demnach sowohl an Anwender als auch an Administratoren. Darüber hinaus benötigst du keine Vorkenntnisse, da dieses Buch von Grund auf alle Themen detailliert erklärt. So kannst du alle Themen zu 100% anwenden.

Dieses Buch bildet auch die Server- als auch die Cloud-Version von Jira ab. Dazu werden alle Themen, die die Cloud-Version betreffen innerhalb einer grauen Box abgebildet. Hier hast du ein Beispiel, wie das aussieht:

> ▶ Projekt starten in der Cloud-Version
>
> Nachdem du deinen Account verifiziert hast, kannst du dein erstes Projekt erstellen.

Schritt 1 Bei deinem ersten Projekt wird Jira nach deiner Erfahrung fragen. Dies kannst du ignorieren und du navigierst direkt zum Button **Erweitert**.

Schritt 2 Wähle aus den Vorlagen „Scrum (klassisch)" aus.

Wichtig: Nicht „Scrum" auswählen, da hier wichtige Funktionen fehlen, welche du manuell hinzufügen müsstest.

Schritt 3 Gib deinem Projekt einen Namen und klicke auf **Erstellen**.

Was ist der Unterschied zwischen der Cloud- und der Server-Version?

Zunächst einmal der offensichtliche Unterschied: in der Server-Version installierst du Jira auf deinen eigenen Servern; dies kannst du zum Testen auf deinem Rechner vornehmen. Sobald es aber innerhalb eines Unternehmens installiert werden soll, muss das Unternehmen einen eigenen Sever besitzen, auf dem Jira in Betrieb zu nehmen ist.

Die Cloud-Version bildet Jira auf einem Cloud-Server ab, d.h. der Betrieb wird von Atlassian übernommen. Dahingehen hast du bei der Server-Version zu 100% eigene Verantwortung und Kontrolle über die Daten. In der Cloud-Version gibt es aktuell eine Begrenzung von maximal 2.000 Benutzern, die angelegt werden können. Bei der Server-Version ist diese dagegen unbegrenzt.

Bei den Updates bekommst du in der Cloud-Version sämtliche Updates kostenlos zur Verfügung gestellt, wohingegen in der Server-Version ein Update immer wieder zugekauft werden muss.

Die Frage ist nun, für wen ist welche Version geeignet? Als Empfehlung raten wir kleinen und mittelständischen Unternehmen zur Cloud-Version und Großunternehmen oder Unternehmen, welche einen eigenen Server besitzen, zur Server-Version.

Dieses Buch, so wie du es in Händen hältst, ist das erste Buch seiner Art. Es ist nicht nur ein Fachbuch, sondern ein kombinierter Vorbereitungskurs auf die Praxisanwendung von Jira. Letztlich bieten wir mehrere Komponenten für die Vorbereitung an:

- Buch (das Buch hältst du gerade in deinen Händen)
- Präsenztraining (www.agile-heroes.de)
- Onlinekurs (www.agile-heroes.de)

Dieses Buch enthält alles, was du brauchst, um für die Praxis fit zu sein. Dennoch gibt es unterschiedliche Lerntypen. Und nicht für jeden reicht ein Buch alleine als Vorbereitung aus. Deswegen entscheide selbst, welchen Weg der Vorbereitung du wählst.

Die Aktualität und Weiterentwicklung des Buches leben von der Kommunikation mit euch. Deshalb freuen wir uns auf eure Anregungen, Anmerkungen und Verbesserungsvorschläge. Schreibt uns jederzeit gerne eine E-Mail oder ruft uns an:

Lars Rayher: lrayher@agile-heroes.de
Roman Simschek: rsimschek@agile-heroes.de
Fabian Kaiser: fkaiser@agile-heroes.de

Wir sind telefonisch erreichbar unter 069/24247670. Oder du kommst uns einfach in unserem Büro in Frankfurt direkt am Hauptbahnhof besuchen. Immer freitags machen wir mit ausgewählten Kunden ein Mittagslunch. Wenn du Lust hierauf hast, kontaktiere uns ganz formlos. Wir freuen uns darauf, dich kennenzulernen.

Nun wünschen wir euch viel Spaß beim Lesen dieses Buchs und viel Erfolg bei der Umsetzung in der Praxis.

Video anschauen: Vorwort
In diesem Video gibt der Autor Lars Rayher eine Einführung und einen Überblick über den Aufbau und die Struktur des Buches.

www.agile-heroes.de/buch/jira

SCAN MICH

Inhaltsübersicht

1 Einführung Scrum 21

2 Jira Basics 31

3 Jira individualisieren 85

4 Ergänzende Tools 135

5 Glossar 141

Index 149

Inhalt

Vorwort 5

Abbildungsverzeichnis 15

1	**Einführung Scrum**	**21**
1.1	Rollen	22
1.2	Scrum-Prozess	23
1.3	Events	25
1.4	Artefakte	28
2	**Jira Basics**	**31**
2.1	Jira-Installation	31
2.1.1	Jira-Installation MacOS	31
2.1.2	Jira-Installation Windows	36
2.2	Teammitglieder einladen	45
2.3	Gruppen & Projektrollen	47
2.4	System-Dashboard	49
2.5	Scrum Board	50
2.6	Vorgangstypen	54
2.7	Backlog Items erstellen	55

2.8	Epic erstellen	58
2.9	Sub-Task erstellen	61
2.10	Estimation	63
2.11	Arbeit zuweisen	65
2.12	Rangfolge und Priorität	67
2.13	Versionen	69
2.14	Sprint Planning	72
2.15	Entwicklungsarbeit	75
2.16	Reporting	79
3	**Jira individualisieren**	**85**
3.1	Such-Funktion	85
3.2	Jira-Einstellungen	85
3.3	Projekt-Einstellungen	87
3.4	Scrum Board-Einstellungen	88
3.5	Vorgangstypen	96
3.6	Felder und Bildschirmmasken	101
3.7	Arbeitsablauf erstellen	111
3.8	Berechtigungen	125
3.9	Benachrichtigungen	130

4	**Ergänzende Tools**	**135**
4.1	Jira Confluence	135
5	**Glossar**	**141**
Index		**149**

Abbildungsverzeichnis

Abb. 1	Scrum-Prozess	24
Abb. 2	Terminalansicht Jira Installation MacOS	33
Abb. 3	Jira-Konfigurationsfenster Browser	34
Abb. 4	TextEditor MacOS	35
Abb. 5	Jira-Installationsfenster Windows	36
Abb. 6	Jira Installationsfenster Windows – Port Konfiguration	37
Abb. 7	Jira Konfigurationsfenster Browser	39
Abb. 8	Jira-Lizenzgenerierung Browser	40
Abb. 9	Bestätigungsfenster Browser	41
Abb. 10	Administratoreinstellungen Konfiguration	41
Abb. 11	System-Dashboard	42
Abb. 12	Jira Installation in der Cloud-Version	43
Abb. 13	Jira-Installation in der Cloud-Version (2)	44
Abb. 14	Jira Software-Symbol	45
Abb. 15	Jira-Einstellungsmöglichkeiten	46
Abb. 16	Benutzerverwaltung – Jira-Einstellungen	46
Abb. 17	Gruppenverwaltung – Jira-Einstellungen	48
Abb. 18	System-Dashboard (2)	49

Abb. 19	Scrum Board	50
Abb. 20	Scrum Dashboard in der Cloud-Version	51
Abb. 21	Scrum Dashboard in der Cloud-Version	51
Abb. 22	Reiter Scrum Board	53
Abb. 23	Jira Navigationsleiste	56
Abb. 24	Scrum Board der Cloud Version	56
Abb. 25	Bildschirmmaske – Backlog Item erstellen	57
Abb. 26	Scrum Board der Cloud-Version	59
Abb. 27	Epic-Panel – Scrum Board	60
Abb. 28	Bildschirmmaske – Epic erstellen	61
Abb. 29	Scrum Board – Backlog Item Eigenschaften	62
Abb. 30	Scrum Board – Sub-Task-Eigenschaften	63
Abb. 31	Backlog Item-Eigenschaften (2)	65
Abb. 32	Backlog Item-Eigenschaften (3)	66
Abb. 33	Scrum Board – Backlog Item Eigenschaften	67
Abb. 34	Product Backlog – Scrum Board	68
Abb. 35	Scrum Board – Releases in der Cloud Version	70
Abb. 36	Übersicht Versionen – Scrum Board	71
Abb. 37	Product Backlog – Scrum Board (2)	73
Abb. 38	Bildschirmmaske – Sprint starten	73
Abb. 39	Jira-Einstellungen – Parallele Sprints	74

Abb. 40	Sprint Backlog – Scrum Board	76
Abb. 41	Scrum Board-Karte	76
Abb. 42	Scrum Board – Karten drucken	77
Abb. 43	Scrum Board – Karten drucken (2)	77
Abb. 44	Bildschirmmaske – Sprint abschließen	78
Abb. 45	Sprint-Bericht	80
Abb. 46	Burn-Down-Chart	81
Abb. 47	Velocity-Bericht	82
Abb. 48	Kumuliertes Flussdiagramm	83
Abb. 49	Jira-Suchfeld	85
Abb. 50	Jira-Einstellungen	86
Abb. 51	Jira-Einstellungen in der Cloud-Version	87
Abb. 52	Projekteinstellungen	88
Abb. 53	Scrum Board in der Cloud-Version	89
Abb. 54	Board-Einstellungen	90
Abb. 55	Jira-Einstellugen – Status	91
Abb. 56	Spaltenverwaltung – Board-Einstellungen	92
Abb. 57	Schnell-Filter – Board-Einstellungen	93
Abb. 58	Bildschirmmaske – Board erstellen	95
Abb. 59	Scrum Board	96
Abb. 60	Jira Navigationsleiste	96

Abb. 61   Jira-Einstellungen – Vorgangstypen 97
Abb. 62   Bildschirmmaske – Vorgangstyp hinzufügen 98
Abb. 63   Jira-Einstellungen – Vorgangstypschema 99
Abb. 64   Jira-Einstellungen – Vorgangstypschema für Projekt auswählen 100
Abb. 65   Jira-Einstellungen – Bildschirmmasken 101
Abb. 66   Jira-Einstellungen – Bildschirmmaske konfigurieren 102
Abb. 67   Bildschirmmaske – Bildschirmmaskenschema hinzufügen 103
Abb. 68   Bildschirmmaske Verknüpfen einer Vorgangsfunktion 104
Abb. 69   Jira-Einstellungen – Bildschirmmaskenschema für Vorgangstyp 105
Abb. 70   Bildschirmmaske – Verknüpfen eines Vorgangstyp 106
Abb. 71   Jira-Einstellungen – Zuweisen einer Bildschirmmaske 107
Abb. 72   Jira-Einstellungen – Benutzerdefinierte Felder 109
Abb. 73   Bildschirmmaske – Feldtyp auswählen 110
Abb. 74   Jira-Einstellungen – Feldkonfiguration 111
Abb. 75   Workflow 112
Abb. 76   Jira-Einstellungen – Arbeitsablauf 113
Abb. 77   Jira-Einstellungen – Status hinzufügen 115
Abb. 78   Bildschirmmaske – Übergang hinzufügen 116
Abb. 79   Arbeitsablauf – Übergang bearbeiten 117
Abb. 80   Übergang bearbeiten – Bestätigung hinzufügen 118
Abb. 81   Atlassian Marketplace 119

Abb. 82	Jira-Einstellungen – Übergang bearbeiten in der Cloud Version	121
Abb. 83	Bildschirmmaske – Vorhandenen Arbeitsablauf hinzufügen	122
Abb. 84	Projekteinstellungen – Arbeitsabläufe	123
Abb. 85	Jira-Einstellungen – Arbeitsablauf integrieren	124
Abb. 86	Jira-Einstellungen – Globale Berechtigungen	126
Abb. 87	Jira-Einstellungen – Berechtigungsschema	127
Abb. 88	Bildschirmmaske – Berechtigung erteilen	129
Abb. 89	Projekteinstellungen – Berechtigungen	130
Abb. 90	Jira-Einstellungen – Benachrichtigungsschemata	131
Abb. 91	Jira-Einstellungen – Benachrichtigung hinzufügen	132
Abb. 92	Projekteinstellungen – Benachrichtigungen	134
Abb. 93	Jira Confluence	135
Abb. 94	Scrum Board – Backlog Item zu Confluence-Seite hinzufügen	137
Abb. 95	Scrum Board – Backlog Item zu Confluence-Seite hinzufügen (2)	138
Abb. 96	Scrum Board – Epic Panel (2)	139

1 Einführung Scrum

Der Begriff Scrum lässt sich auf die beiden japanischen Wirtschaftswissenschaftler Nonaka und Takeuchi zurückführen. Sie schreiben in ihrem im Jahr 1986 erschienenen Artikel „The New Product Development Game" über den von ihnen so genannten „Rugby-Approach". Dieser bedient sich einer Analogie aus dem Rugby. Sie gehen davon aus, dass einer der außergewöhnlichsten Erfolgsfaktoren von sehr erfolgreichen Produktentwicklungsteams die Nähe des Teams während der Entwicklungsarbeit ist, so wie bei dem aus Rugby stammende Gedränge, welches Scrum genannt wird und bei dem viele Spieler eng zusammenstehen. Denn auch diese Teams arbeiten als kleine und selbstorganisierte Einheiten. Sie bekommen von außen nur eine grobe Richtung vorgegeben. Es bleibt in der Umsetzung jedoch ihnen überlassen, wie sie ihr gemeinsames Ziel erreichen. Und diese Art der Zusammenarbeit soll auch Projekte erfolgreich machen.

Dieser Rugby-Approach wurde dann mehr als zehn Jahre später von den Vätern von Scrum, Jeff Sutherland und Ken Schwaber, zu einem Rahmenwerk für Softwareentwicklungsprojekte weiterentwickelt: Und dieses Rahmenwerk nannten sie mit einem entsprechenden Verweis auf den Artikel von Nonaka und Takeuchi: Scrum. Letztlich ist Scrum also ein Rahmenwerk für agiles Projektmanagement. Die Kernelemente von Scrum sind:

- Rollen
- Events
- Artefakte

Video anschauen: Einführung Scrum
In diesem Video gibt der Autor Lars Rayher einen Einblick darin, was bei der Einführung vom Scrum mit Jira zu beachten ist.

www.agile-heroes.de/buch/jira

1.1 Rollen

Für jede dieser Rollen ist klar beschrieben, was ihre Aufgaben sind und welche Kompetenzen und Verantwortungen sie haben. Es ist wichtig, dass jedes Mitglied des Scrum-Teams weiß, welche Rolle es hat und welche Erwartungen an diese Rolle gerichtet werden. Dies ist notwendig, um Scrum erfolgreich umzusetzen.

Development-Team

Das Development-Team ist das Herz von Scrum. Es ist für den wichtigsten Teil im Rahmen eines Scrum-Projektes zuständig: das Entwickeln des Produkts. Diese Arbeit wird selbstorganisierend und interdisziplinär durchgeführt. Letztlich geht man gemäß Scrum davon aus, dass das Development-Team hoch motiviert ist und selbstständig entscheiden kann, wie es das jeweilige Ziel erreicht. Das Development-Team kann zwar Aufgaben innerhalb des Teams mit unterschiedlichen Kompetenzen organisieren, dennoch bleibt es immer als Ganzes für die Erreichung des Ziels eines Sprints verantwortlich.

Product Owner

Der Product Owner vertritt die Interessen des Auftraggebers oder des Kunden. Er ist verantwortlich für den geschäftlichen Erfolg des Produkts. Er hat zu Beginn und während des Scrum-Prozesses die Aufgabe, in Abstimmung mit dem Stakeholder die Anforderungen des zu entwickelnden Produktes abzustimmen. Zudem hat er diese Produktmerkmale dann entsprechend auch strukturiert in Form eines Product Backlogs zu managen, dies ist sein wesentliches Werkzeug. Zudem ist der Product Owner für die Abnahme und den Release von Inkrementen zuständig und erhöht durch sein effektives Product Backlog Management den Wert des Produktes.

Scrum Master

Der Scrum Master ist die dienende Führungsperson und verantwortlich für die Implementierung der Scrum-Regeln. Wir sprechen hier gerne vom Regelhüter, Moderator und Coach. In englischer Sprache wird oft von „Servant Leader" gesprochen. Der Scrum Master ist quasi für alles, was ein Scrum-Projekt charakteristisch macht, verantwortlich: die Scrum-Regeln. Er stellt sicher, dass alles während des Sprints nach den Regeln von Scrum abläuft. Er hat die Aufgabe, die anderen Teammitglieder im Scrum-Team dazu zu befähigen, die Regeln von Scrum für eine möglichst effiziente Projektarbeit anzuwenden. Er hat auch dafür Sorge zu tragen, allen, die nicht Teil des Scrum-Teams sind, zu vermitteln, wie die Interaktion mit dem Scrum-Team erfolgreich sein kann. Zudem unterstützt er alle dabei, diese Interaktionen so zu gestalten, dass sie einen maximalen Wert der Arbeit des Scrum-Teams sicherstellen und Hindernisse, sogenannte „Impediments", zu beseitigen.

1.2 Scrum-Prozess

Der Scrum-Prozess beginnt, wenn ein oder einige Stakeholder ein Produkt benötigen. Die Anforderungen an das Produkt werden dann in einem so genannten **Product Backlog** gesammelt. Das Product Backlog ist also die Zusammenfassung aller Produkteigenschaften, die das finale Produkt umfassen sollte.

Nachdem ein initiales Product Backlog entstanden ist, beginnt der Scrum Master mit dem **Sprint Planning**. Hier wird geplant, welche Produktfeatures im kommenden Sprint umgesetzt werden sollen. Diese Teilmenge der Produkteigenschaften wird dann in ein **Sprint Backlog** überführt. Das Sprint Backlog umfasst somit alle Produkteigenschaften, die im kommenden Sprint umgesetzt werden sollen. Diese werden im Sprint-Ziel zusammengefasst. Backlog-Items dürfen nur in das Sprint Backlog übergeben werden, wenn diese auf **Ready** sind; dazu muss ein Product Backlog Item beschrieben, priorisiert und geschätzt sein.

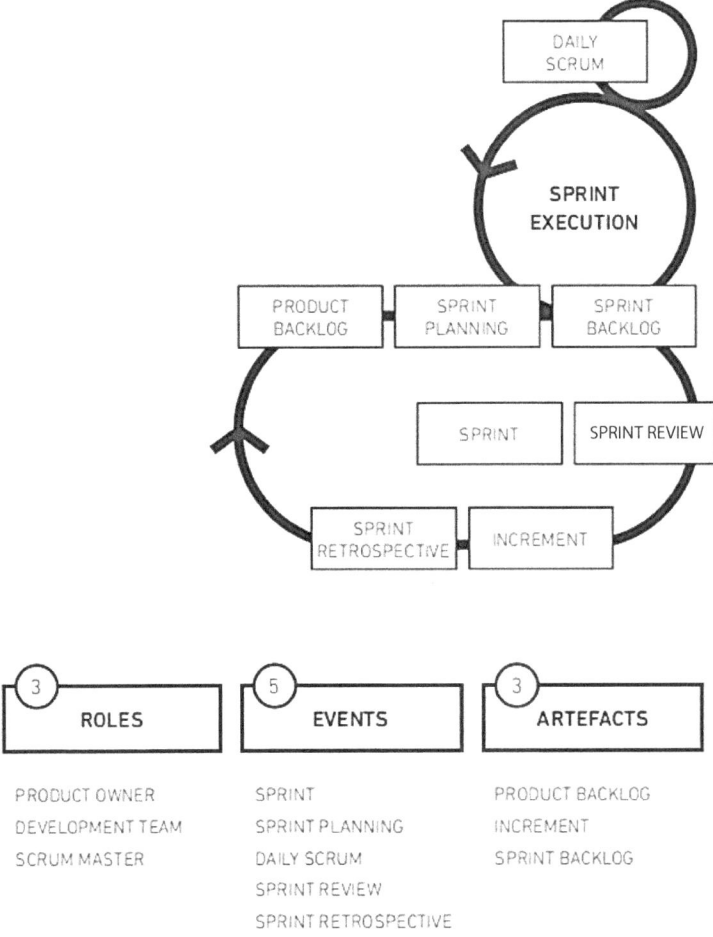

Abb. 1: Scrum-Prozess

Danach beginnt die Entwicklungsphase. Im Rahmen der Produktentwicklung erfolgt dann ein täglicher Austausch des Scrum-Teams im Rahmen des **Daily Scrum**. Nach Abschluss des Sprints sollten als Ergebnis neue Produkteigenschaften für das **Produktinkrement** hervorgebracht werden. Ein Produktinkrement ist hierbei ein fertiger Teil des Gesamtproduktes.

Nach dem Sprint besteht die Möglichkeit des Überprüfens und Anpassens in Form eines **Sprint Reviews**. So besteht einerseits die Möglichkeit für alle, die nicht selbst am Entwicklungsprozess beteiligt waren, Informationen über den aktuellen Entwicklungsstand zu erhalten, wie beispielsweise die Stakeholder. Zusätzlich ist der Product Owner im Sprint Review für die Abnahme des Inkrements verantwortlich, und Stakeholder haben die Möglichkeit Feedback zu geben, welches der Product Owner in seinem Product Backlog aufnehmen kann.

Das letzte Event im Sprint ist die **Sprint-Retrospektive**. Hier trifft sich das Scrum-Team und gibt Feedback zu Personen, Prozessen und Tools. Hierbei geht es nicht um das Produkt an sich, sondern um die Entwicklungsarbeit. Hierbei entstehen so genannte Improvements, also Verbesserungsmaßnahmen, wovon mindestens eines im nächsten Sprint umgesetzt werden muss.

Danach beginnt der nächste Sprint direkt mit dem Sprint Planning und der Prozess geht von vorne los. Dies soll Komplexität reduzieren und den Fokus auf die Entwicklungsarbeit steigern.

1.3 Events

Events gemäß Scrum finden immer in persönlicher Form statt. Sie erfolgen regelmäßig, um kontinuierlich überprüfen und anpassen zu können. Alle Events haben ein festes Zeitfenster, in Scrum „Time Box" genannt. Das bedeutet, dass für jedes Event ein Zeitrahmen vorgegeben ist, der auf jeden Fall eingehalten wird.

Sprint

Das Ziel des Sprints ist es, einen auslieferbaren Bestandteil des Produktes zu erstellen. Konkret sind die im Rahmen des Sprints umzusetzenden Produkteigenschaften im Sprint Backlog festgehalten. Der Sprint selbst ist kein eigenständiges Event, sondern die Klammer um mehrere Events, die innerhalb des Sprints stattfinden.

Sprint Planning

Ziel des Sprint Plannings ist, den jeweils laufenden Sprint zu planen. Der Sprint erfolgt in Form eines Präsenzmeetings, das immer als allererstes Event eines Sprints stattfindet. Das Sprint Planning findet einmal pro Sprint statt. Am Sprint Planning nimmt das gesamte Scrum-Team teil, also der Product Owner, der Scrum Master und das Entwicklungsteam. Das Sprint Planning dauert bei einem Sprint von vier Wochen maximal acht Stunden. Dauert der Sprint weniger als vier Wochen, so passt sich die Dauer des Sprint Plannings entsprechend an und ist ebenfalls kürzer.

Daily Scrum

Nachdem das Spring Planning abgeschlossen wurde, beginnt das Entwicklungsteam seine Arbeit. Konkret bedeutet dies, dass es die Aufgaben, die im Sprint Planning definiert wurden, im Team selbstorganisiert bearbeitet. Während dieser Entwicklungsarbeit trifft sich das Scrum-Team physisch einmal am Tag zum Daily Scrum. Dieses findet immer zur gleichen Zeit am gleichen Ort statt. Grund hierfür ist, dass die organisatorische Arbeit der Eventplanung und die Komplexität reduziert werden soll. Die Dauer des Daily Scrum ist auf maximal 15 Minuten beschränkt. Ziel des Daily Scrum ist, dass sich das Entwicklungsteam abstimmt und synchronisiert.

Innerhalb des Daily Scrum werden immer zuerst die Arbeit der letzten 24 Stunden transparent gemacht und ein Ausblick auf die Aufgaben der nächsten 24 Stunden gegeben. Das Entwicklungsteam verprobt hierbei den Fortschritt der letzten 24 Stunden bezüglich des Sprint-Ziels. Zudem analysiert es den Fortschritt bezogen auf die Backlog Items, die im Sprint Backlog sind. Hauptziel des Daily Scrum ist, die Wahrscheinlichkeit, dass das Entwicklungsteam das Sprint-Ziel auch erreicht, zu maximieren. Zusätzlich werden Hindernisse für das Sprint-Ziel mit dem Scrum-Team geteilt.

Sprint Review

Der Sprint Review findet immer am Ende jedes Sprints statt. Er dient dazu, die wichtigsten Ergebnisse aus dem Sprint zu präsentieren und um sie zu überprüfen und gegebenenfalls anzupassen. So kann der neueste Stand des Produktinkrements transparent gemacht werden, und das Product Backlog kann entsprechend aktualisiert werden.

Der Sprint Review findet in Form eines physischen Events statt. Der Product Owner lädt zu dem Meeting ein. Das gesamte Scrum-Team ist beim Sprint Review anwesend. Zudem sind auch die Stakeholder mit eingeladen. So erhalten sie einen Überblick über den neuesten Stand der Entwicklungsarbeit und können dem Entwicklungsteam gleichzeitig Feedback geben. Dies ermöglicht es, dass das Produkt überprüft und angepasst werden kann. Die Präsentation der Ergebnisse des Sprints dient im Wesentlichen dazu, Feedback zu ermöglichen und die Zusammenarbeit zu fördern. Der Sprint Review dauert maximal vier Stunden bei einem Sprint, der vier Wochen dauert. Wenn die Dauer des Sprints kürzer ist, sollte auch der Sprint Review entsprechend angepasst werden.

Sprint-Retrospektive

Das Ziel der Sprint-Retrospektive ist, Feedback einzuholen, um den Entwicklungsprozess organisatorisch und strukturell zu verbessern. Es geht also nicht um Feedback bezogen auf die erzielte Arbeit wie beim Sprint Review, sondern um die Arbeitsweise: Wie war sie und was kann verbessert werden? Im Kern geht es darum, dass das Verbesserungspotenzial bezogen auf Personen, Interaktionen, Prozess und Werkzeuge identifiziert wird.

Das Meeting findet immer nach dem letzten Sprint Review und vor den kommenden Sprint Planning statt. Das Meeting erfolgt in Form eines Präsenzmeetings. Am Meeting nehmen das gesamte Scrum-Team, nicht jedoch die Stakeholder teil. Dies liegt daran, dass die Sprint-Retrospektive sich auf eine Verbesserung der Entwicklungsarbeit bezieht, also die Art und Weise, wie das Entwicklungsteam und die übrigen Mitglieder des Scrum-Teams zusammengearbeitet haben. Der Fokus der Stakeholder liegt jedoch auf dem Ergebnis dieses Prozesses, also dem Produkt. Die Dauer des Meetings ist auf maximal drei Stunden begrenzt bei einem Sprint von vier Wochen. Bei einem kürzeren Sprint dauert die Sprint Retrospektive entsprechend kürzer.

1.4 Artefakte

Scrum arbeitet mit wenigen Artefakten. Artefakte sind quasi die Tools, die helfen, neben den definierten Rollen und Events die Arbeit zu organisieren. Gemäß dem Scrum Guide werden nur drei Artefakte beschrieben. Zusätzlich erwähnt der Scrum Guide noch das „Sprint-Ziel" und die „Definition of Done". Da diese weder Rollen noch Events sind, beschreiben wir auch diese beiden in unserem Buch. Letztlich handelt es sich hierbei um zwei wesentliche Elemente, die beim Einsatz der drei Artefakte dabei helfen, Transparenz zu schaffen, auf deren Basis Überprüfung und Anpassung möglich sind.

Product Backlog

Das Product Backlog ist eine Auflistung aller Produktfeatures, die das Produkt, wenn es entwickelt ist, enthalten soll. Die Produktfeatures im Product Backlog werden Product Backlog Items genannt. Sie sind in einer bestimmten Reihenfolge nach Priorität geordnet. Es stellt die einzige Quelle aller Anforderungen an das Produkt und aller Änderungen, die am Produkt vorgenommen werden, dar. Das Product Backlog ist nie vollständig, es lebt während des gesamten Entwicklungsprozesses und wird ständig überprüft und angepasst. Die erste Version des Product Backlogs zeigt die anfänglich nach bestem Wissen und Gewissen bekannten Anforderungen. Das Product Backlog verändert sich im Zeitverlauf in dem Maße, wie sich der Einsatzbereich des Produkts und auch das Produkt selbst ändert. Das Product Backlog ist also sehr dynamisch. Es verändert sich ständig, um festzustellen, was das Produkt erfordert, um angemessen, wettbewerbsfähig und nützlich zu sein.

Wenn ein Produkt existiert, existiert auch ein Product Backlog. So ist die Welt von Scrum. Das Product Backlog beinhaltet also langfristig alle

- Features,
- Funktionen,
- Anforderungen,
- Verbesserungen,
- Änderungen.

Jedes Product Backlog Item aus dem Product Backlog hat mehrere Attribute: Beschreibung, Priorisierung, Schätzung und Wert, welche innerhalb des Product Backlogs abgebildet werden müssen. Für das Product Backlog ist der Product Owner zuständig. Er hat die Verantwortung, das Product Backlog zu erstellen und es während des gesamten Prozesses zu pflegen. Er ist insbesondere für seinen Inhalt, seine Struktur, die Priorisierung der Backlog Items und seine Verfügbarkeit zuständig.

Sprint Backlog

Das Ziel des Sprint Backlogs ist, dem Entwicklungsteam transparent zu machen, welche Backlog Items im Rahmen des Sprints wie umgesetzt werden sollen. Zudem gibt es zu jedem Zeitpunkt des Sprints Auskunft über den aktuellen Stand der Entwicklungsarbeit des Entwicklungsteams und darüber, welche Aufgaben noch zu erledigen sind, um das Sprint-Ziel zu erreichen. Um eine kontinuierliche Verbesserung sicherzustellen, enthält es auch mindestens eine Verbesserungsmaßnahme, die im Rahmen der letzten Sprint-Retrospektive als wichtig beziehungsweise als von hoher Priorität identifiziert wurde. Das Sprint Backlog ist letztlich eine Teilmenge der Backlog Items aus dem Product Backlog. Die Auswahl dieser Backlog Items aus dem Product Backlog für das Sprint Backlog erfolgt im Rahmen des Sprint Plannings.

Inkrement

Das Inkrement wird oft auch Produktinkrement genannt. Es umfasst alle Product Backlog Items, die im Rahmen der vergangenen Sprints umgesetzt wurden. Zudem umfasst es den Wert aller Inkremente, die in den vorherigen Sprints umgesetzt wurden. Das Inkrement ist quasi immer das aktuelle Produkt in seinem letzten Release-Zustand. Das Inkrement stellt einen wichtigen Bestandteil und Anteil zur Erreichung des Projektziels oder der Produktvision dar.

Sprint-Ziel

Ein Sprint kann durch ein Sprint-Ziel zusammengefasst werden. Die Backlog-Elemente dienen dann wiederum dazu, das Sprint-Ziel zu konkretisieren, und die einzelnen Elemente des Backlogs werden wiederum in Tasks gegliedert. Das Sprint-Ziel ist ein Ziel, das für den Sprint definiert wurde, um mit der Umsetzung des Product Backlogs erreicht zu werden.

Defintion of Done

Ziel der Definition of Done ist es sicherzustellen, dass am Ende eines Sprints ein potenziell auslieferbares Inkrement an den Product Owner übergeben wird, das den Anforderungen der Stakeholder entspricht. Voraussetzung hierfür ist, dass das Scrum-Team ein gemeinsames Verständnis (Definition) davon hat, was es bedeutet, dass ein Backlog Item erledigt beziehungsweise fertiggestellt, also „Done" ist. Hauptziel der Definition of Done ist, jederzeit Transparenz für das ganze Scrum-Team zu schaffen, wann etwas „Done" ist und wann nicht.

2 Jira Basics

2.1 Jira-Installation

Im Folgenden geht es um die Installation von Jira; es wird erklärt, wie Jira sowohl als Cloud- als auch als Server-Version installiert wird. Zusätzlich hast du die Möglichkeit, die Installation sowohl auf einem Mac- als auch auf einem Windows-Rechner durchzuführen.

Server-Version

Folgende Bedingungen muss dein Rechner erfüllen, damit du Jira-Software installieren kannst:

- ein Server oder virtueller Server
- Windows oder Linux
- auf MacOS kann diese Version lediglich getestet werden
- Oracle JDK 1.8 (JAVA) oder höher
- Jira Installation-Packet

Alle vollständigen Bedingungen und laufenden Betriebssysteme findest du unter folgenden Link noch einmal detailliert erklärt: https://confluence.atlassian.com/adminjiraserver/supported-platforms-938846830.html

2.1.1 Jira-Installation MacOS

Schritt 1

Schaue nach, ob JAVA auf dem Mac installiert ist. Öffne dazu das Terminal auf deinem Mac und gebe folgenden Befehl ein: **java-version**

- ▶ Nun sollte dir angezeigt werden, dass JAVA 1.8 oder höher installiert ist.
- ▶ Wenn dies nicht der Fall ist, muss du JAVA noch auf deinem Mac installieren. Hier eine Anleitung:
https://www.java.com/de/download/help/mac_install.xml

Schritt 2

Downloade das Jira Installation-Packet für dein Betriebssystem unter folgenden Link: https://de.atlassian.com/software/jira/download

Schritt 3

Entpacke die Datei dort, wo du Jira installieren willst, und kontrolliere, ob die Startup-Datei vorhanden ist: startup.sh

Diese befindet sich im Bin-Ordner in der entpackten Datei.

Schritt 4

Um Jira nun zu starten, kopiere den Link des Bin-Ordners, in dem die Startup-Datei enthalten ist; dies machst du, indem du per Rechtsklick und gleichzeitigem Drücken der Option-Taste „Orderpfad kopieren" auswählst.

Schritt 5

Gehe zurück ins Terminal und gebe den Befehl **cd** ein und den Ordnerpfad, welchen du eben kopiert hast. Dieser ist je nachdem, wo du den Ordner entpackt hast, individuell.

Beispiel:
cd/Users/larsrayher/Documents/atlassian-jira-software-7.12.3-standalone/bin

2.1 Jira-Installation

Dann bestätige mit Enter deine Eingabe, nun sollte sich das Terminal in diesem Ordner befinden.

Schritt 6
Gebe nun den Befehl **sh startup.sh** ein und bestätige mit Enter. Nun werden dir verschiedene Informationen angezeigt und Tomcat wurde gestartet.

Abb. 2: Terminalansicht Jira Installation MacOS

Schritt 7
Gehe nun in einen Browser und gebe **http://localhost:8080** ein. Nun sollte sich eine

Seite zur Einrichtung von Jira öffnen oder später deine Jira Software-Website. Wenn dies der Fall ist, überspringe die nächsten Schritte. Wenn dir aber eine Fehlermeldung angezeigt wird mit der Information, dass die Jira Home nicht gefunden werden konnte, folge den nächsten Schritten.

▶ Hinweis: Falls dir angezeigt wird, dass der Link nicht zur Verfügung steht, gib im Terminal erneut den Befehl **sh startup.sh** ein und klicke Enter.

Abb. 3: Jira-Konfigurationsfenster Browser

Schritt 8
Fahre den Jira-Server runter, indem du im Terminal den Befehl
sh shutdown.sh eingibst, wenn du Jira Home noch einrichten musst.

Jira Home Verzeichnis anlegen MacOS

Schritt 9
Navigiere im Jira-Order zu der Datei: jira-application.properties
Diese findest du im folgenden Ordner:
JIRA folder → atlassian-jira → WEB-INF → classes

Schritt 10
Erstelle nun einen Ordner für Jira Home – dieser muss außerhalb des Installationsordners sein – und kopiere den Ordnerpfad.

Schritt 11
Öffne jira-application.properties mithilfe eines TextEditors und füge den Link des Jira Home Orders nach **Jira Home** = ein und klicke auf Speichern.

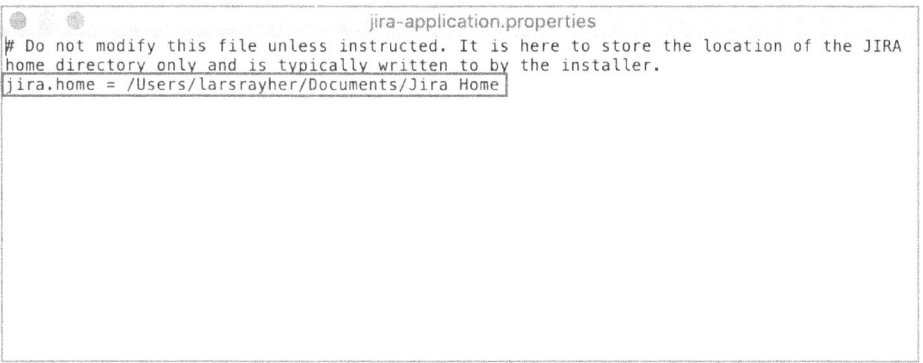

Abb. 4: TextEditor MacOS

Wiederhole nun die Schritte 5 bis 7 und eine Konfigurationsseite für deine Website sollte sich öffnen und im Jira Home-Ordner sollten nun verschiedene Ordner angezeigt werden.

▶ Hinweis: Um Jira Software zu starten, folge Schritt 5 bis 7, und wenn du Jira Software stoppen möchtest, folge Schritt 8.

2.1.2 Jira-Installation Windows

Schritt 1

Schaue nach, ob JAVA auf deinem Windows-Rechner installiert ist. Falls dies nicht der Fall ist, hier eine Anleitung:
https://www.java.com/de/download/help/download_options.xml#windows

Schritt 2

Downloade das Jira Installation-Packet für dein Betriebssystem unter folgendem Link: https://de.atlassian.com/software/jira/download

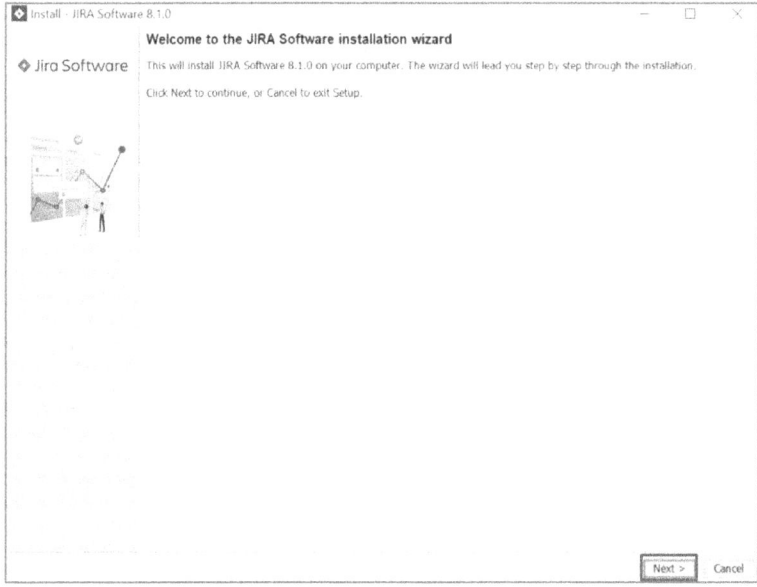

Abb. 5: Jira-Installationsfenster Windows

Schritt 3

Starte nun die Exe-Datei, um Jira zu Installieren, und folge den Installationsanweisungen, wähle dazu **Custom Install** aus.

Schritt 4

Gib nun an, an welchem Ort Jira und Jira Home installiert werden sollen, und klicke auf **Weiter**.

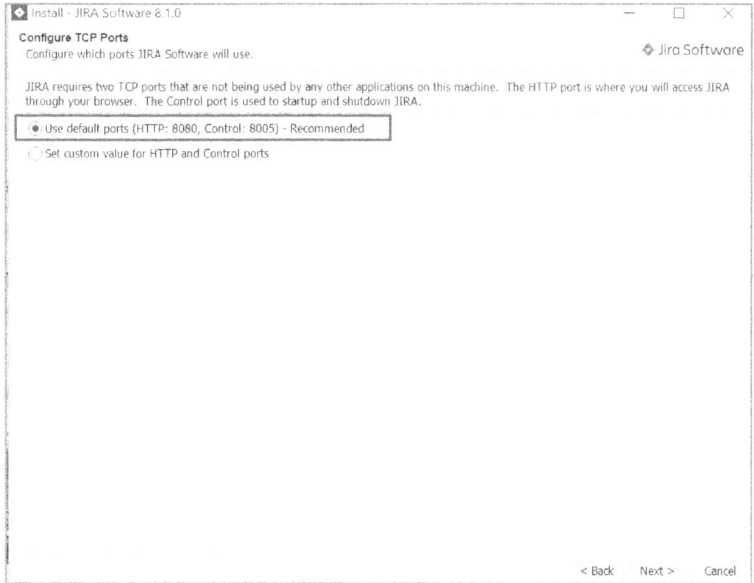

Abb. 6: Jira Installationsfenster Windows – Port Konfiguration

Schritt 5

Wähle nun die Funktion **Use default ports** aus, klicke auf **Weiter** und schließe die

Installation durch Klicken auf **Install** ab.

Um Jira nun zu konfigurieren, starte Jira im Browser, diese Schritte sind sowohl für Mac als auch Windows identisch.

> ▶ Hinweis: Wenn du Jira-Software starten und stoppen möchtest, hängt dies davon ab, ob du Jira als Service installiert hast oder nicht. Dies wählst du bei der Installation aus.

Wenn du Jira als Service laufen hast, kannst du ganz einfach **Start Jira Server** und **Stop Jira Server** über das Windows Start-Menü auswählen. Klicke dazu auf das Windows-Menü, gebe die obigen Befehle ein und wähle einen der Befehle aus.

Wenn du Jira nicht als Service installiert hast, startest und stoppst du Jira, indem du die folgenden Dateien öffnest:

- <installation-directory>\bin\start-jira.bat
- <installation-directory>\bin\stop-jira.bat

Einrichten von Jira-Software

Nachdem du Jira erfolgreich auf deinen PC installiert hast, kannst du Jira konfigurieren. Manchmal werden folgende Schritte im Englischen angezeigt; dies kannst du aber im weiteren Verlauf ändern.

Schritt 1

Wähle **Set it up for me** aus und klicke auf **Continue with Atlassian**.

Schritt 2

Nun musst du dich mit einem Atlassian Account anmelden. Falls du keinen Account hast, erstelle einen neuen Account. Nachdem du diesen erstellt hast, musst du nun eine Lizenz generieren.

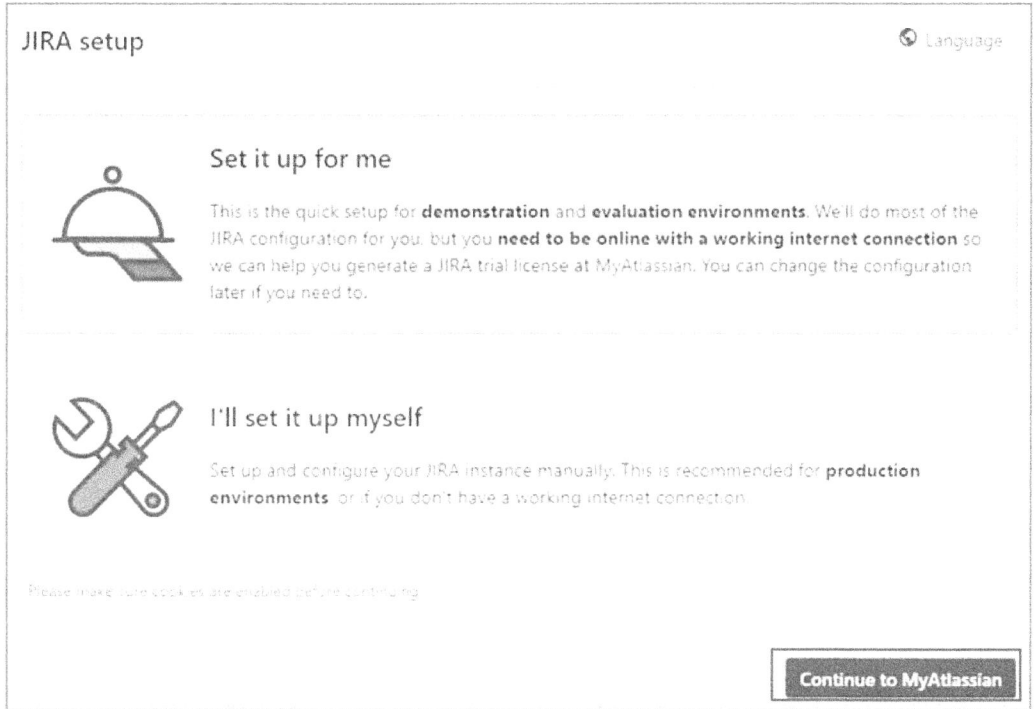

Abb. 7: Jira Konfigurationsfenster Browser

Schritt 3

Wähle nun das Produkt aus, welches du gerne verwenden möchtest – in unserem Fall Jira Software und Jira Software (Server). Gebe nun den Namen deiner Organisation ein und klicke auf **Generate License**.

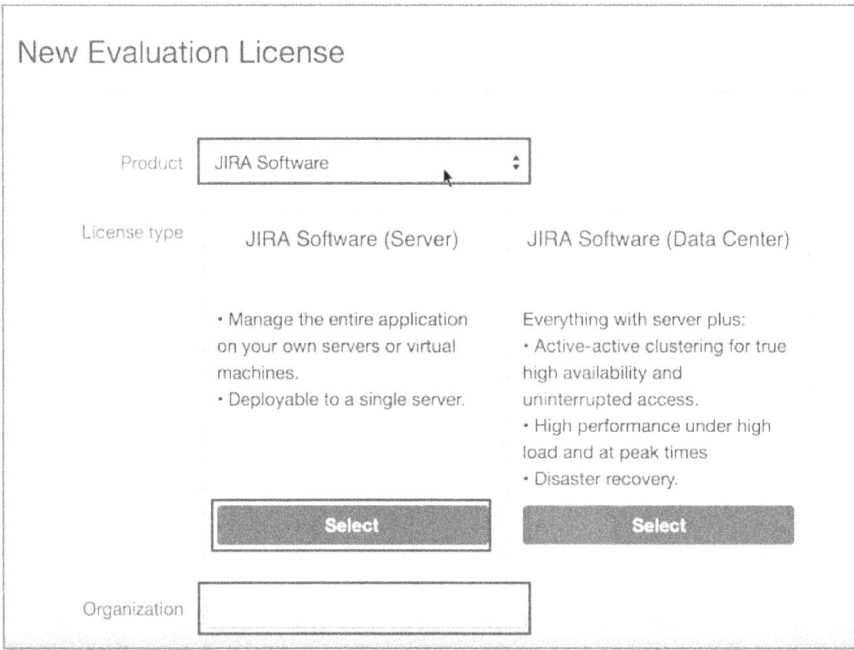

Abb. 8: Jira-Lizenzgenerierung Browser

Schritt 4

Nun wird dir die Lizenzübersicht deines Accounts angezeigt. Dort klickst du zunächst im Bestätigungsfenster auf **Yes**.

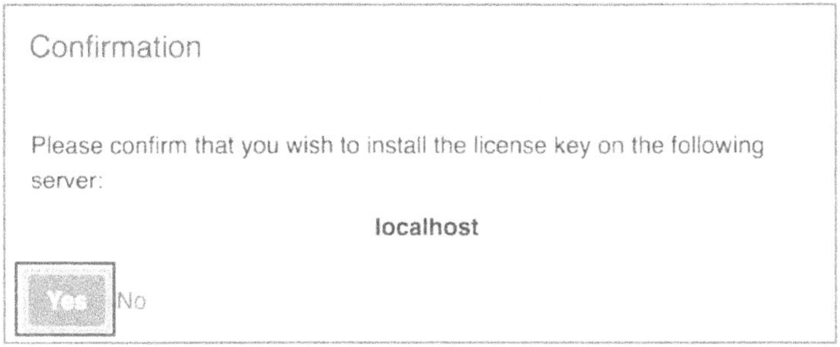

2.1 Jira-Installation

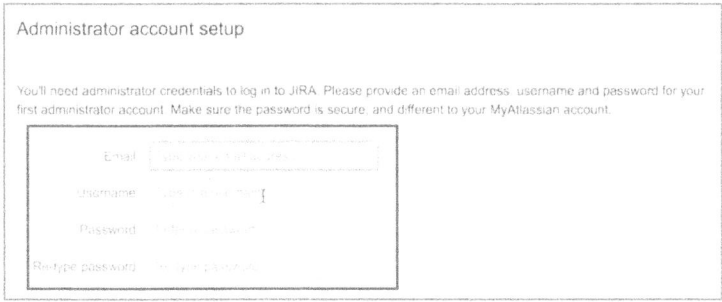

Abb. 9: Bestätigungsfenster Browser

Schritt 5

Lege danach den Administrator für deine Website fest und gebe E-Mail, Username und Passwort ein. Klicke dann auf **Next**.

Abb. 10: Administratoreinstellungen Konfiguration

Nun wird Jira konfiguriert, und nachdem du dich mit deinem Account eingeloggt hast, befindest du dich auf deinem System-Dashboard.

2 Jira Basics

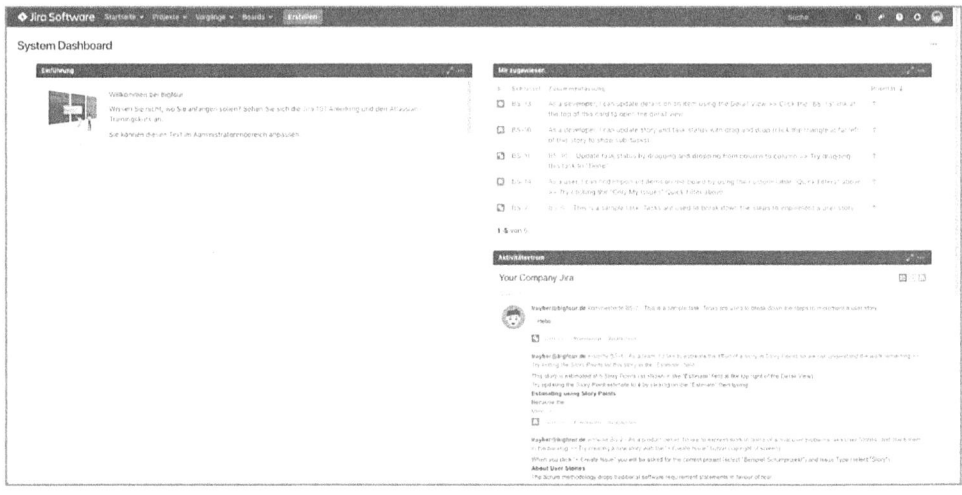

Abb. 11: System-Dashboard

▶ Folgende Schritte musst du in der Cloud-Version durchführen:

Schritt 1

Gib folgenden Link in deinem Browser ein:

https://de.atlassian.com/try/cloud/signup

Schritt 2

Erstell deine Atlassian-Website und deinen Account.

Nachdem du dies erledigt hast, beginnt die siebentägige Testversion zu laufen. Wenn du Jira-Software danach weiterhin benutzen möchtest, verlängere dein Abo unter Jira-Einstellungen → Abrechnungen.

Schritt 3

Im weiteren Verlauf bekommst du eine Mail von Atlassian, in welcher du deinen Account verifizieren musst.

Abb. 12: Jira Installation in der Cloud-Version

Projekt starten in der Cloud-Version:

Nachdem du deinen Account verifiziert hast, kannst du dein erstes Projekt erstellen.

Schritt 1

Bei deinem ersten Projekt wird Jira nach deiner Erfahrung fragen. Dies kannst du ignorieren und navigierst direkt zum Button **Erweitert**.

Schritt 2

Wähle aus den Vorlagen „Scrum (klassisch)" aus.

Wichtig: Nicht „Scrum" auswählen, da hier wichtige Funktionen fehlen, welche du manuell hinzufügen müsstest.

Schritt 3

Gib deinem Projekt einen Namen und klicke auf Erstellen.

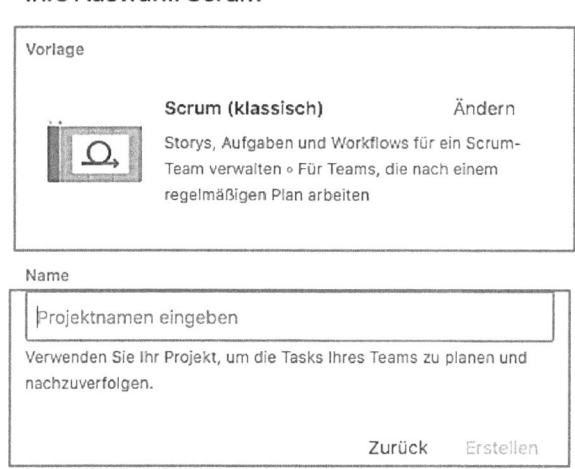

Abb. 13: Jira-Installation in der Cloud-Version (2)

2.2 Teammitglieder einladen

Nachdem du als Website-Admin dein Projekt erstellt hast, befindest du dich nun auf deinem System-Dashboard. Um zum System-Dashboard zu gelangen, klicke auf das Jira Software-Symbol am linken oberen Rand.

Abb. 14: Jira Software-Symbol

Wenn du nun dein Team zu deiner Jira-Website hinzufügen möchtest, führe die folgenden Schritte durch:

Schritt 1

Navigiere zu Jira-Einstellungen → Benutzerverwaltung → Benutzer.

Schritt 2

Lade nun über die E-Mail und den Namen die Leute ein, die auf deine Website zugreifen sollen; dies machst du über den Button **Benutzer einladen**.

46 2 Jira Basics

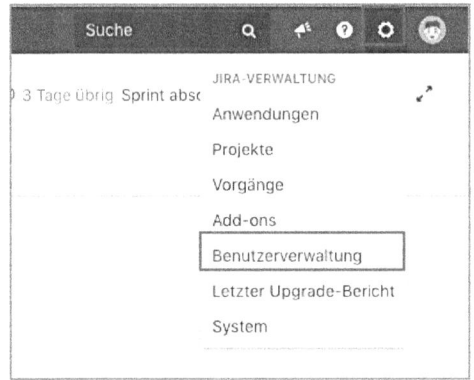

Abb. 15: Jira-Einstellungsmöglichkeiten

Abb. 16: Benutzerverwaltung – Jira-Einstellungen

2.3 Gruppen & Projektrollen

Gruppen

Eine Gruppe ist eine Zusammenfassung von beliebig vielen Benutzern. Gruppen gelten für die ganze Jira-Instanz und sind nicht projektspezifisch. Mit Gruppen sollte die Aufbauorganisation des Unternehmens abgebildet werden. Oftmals werden Gruppen und Rollen im Sprachgebrauch unsauber unterschieden oder sogar fälschlicherweise gleichgestellt.

Beispiele für Gruppen sind z.B. Vertrieb, Consulting, Entwicklung, Produktion oder verschiedene Teams.

Projektrollen

Eine Rolle ist eine Zusammenfassung von beliebig vielen Rechten. Projektrollen werden für eine ganze Jira-Instanz angelegt. Sie können aber im Gegensatz zu den Gruppen projektspezifisch verwendet werden. Mit Rollen sollten die verschiedenen Projektrollen im Unternehmen abgebildet werden. Hier kommen nun die Scrum-Rollen ins Spiel, wie Developer, Stakeholder, Scrum Master und Product Owner oder auch außerhalb vom Scrum ein Administrator.

Gruppen erstellen und zuweisen

Schritt 1

Navigiere zu Jira-Einstellungen ➜ Benutzerverwaltung ➜ Gruppen.

Schritt 2

Klicke auf **Gruppe hinzufügen** und gib der Gruppe einen Namen.

Schritt 3

Klicke auf deine erstellten Gruppen und füge Benutzer über **Add/Remove User** hinzu.

2 Jira Basics

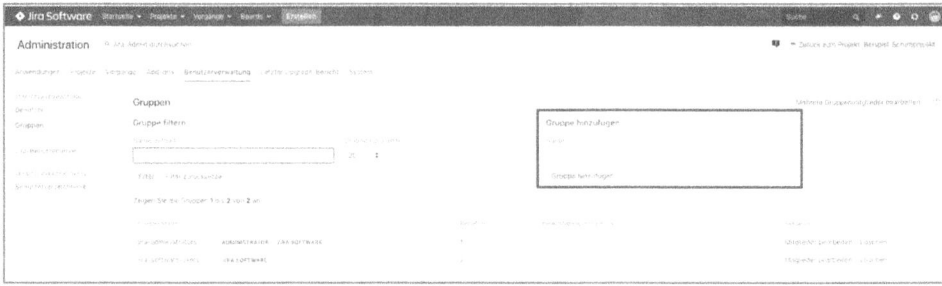

Abb. 17: Gruppenverwaltung – Jira-Einstellungen

Projektrollen erstellen und zuweisen

Schritt 1

Navigiere zu Jira-Einstellungen ➔ System ➔ Projektrollen (zu finden im Unterkapitel Sicherheit).

Schritt 2

Füge einen Namen und eine Beschreibung der Projektrolle in die Felder ein und klicke auf **Projektrolle hinzufügen.**

Nachdem Projektrollen erstellt worden sind, bietet Jira die Möglichkeit, Standardmitglieder oder -gruppen einer Projektrolle hinzufügen.

Schritt 3

Klicke auf **Standardmitglieder verwalten** und füge Standardbenutzer oder Standardgruppen zu einer Projektrolle hinzu. Dies sind alle Benutzer oder Gruppen, die fortan einer Projektrolle angehören. Wenn du einen neuen Benutzer in eine Standardgruppe hinzufügst, bekommt er automatisch die jeweilige Projektrolle zugewiesen.

Des Weiteren hast du die Möglichkeit, über den Projektrollen-Browser Projektrollen zu bearbeiten oder zu löschen.

2.4 System-Dashboard

Nachdem du nun deine Teammitglieder festgelegt hast, die eine der zentralen Elemente in deinem Projekt darstellen, gehen wir jetzt Schritt für Schritt durch Jira: Den Anfang macht das System-Dashboard. Dies ist der zentrale Anlaufpunkt innerhalb von Jira.

In deinem System-Dashboard hast du die Möglichkeit, einen schnellen Überblick über deine Projekte zu bekommen. Du kannst dir dein System-Dashboard individuell einstellen, indem du dir verschiedene Gadgets hinzufügst, um individuelle Informationen zu deinem Projekt zu erhalten.

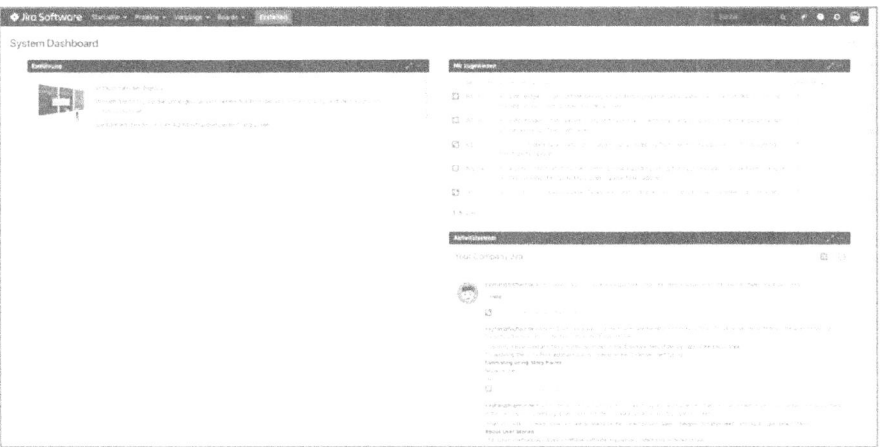

Abb. 18: System-Dashboard (2)

50   2 Jira Basics

2.5   Scrum Board

Das Scrum Board ist die Benutzeroberfläche, mit der du jeden Tag in deinem Projekt arbeiten wirst. Es ermöglicht dir, deine Aufgaben und Arbeitsabläufe zu organisieren und zu visualisieren. Ebenso hast du die Möglichkeit, dein Product Backlog zu managen oder den Fortschritt zu überwachen.

Zu deinem Scrum Board kommst du, indem du dein erstelltes Projekt oder ein neues Projekt öffnest. Dies machst du über die Schaltfläche **Projekte** am oberen Rand. Wenn du dich nun in deinem Projekt befindest, kannst du über die verschiedenen Reiter am linken Rand in deinem Projekt arbeiten.

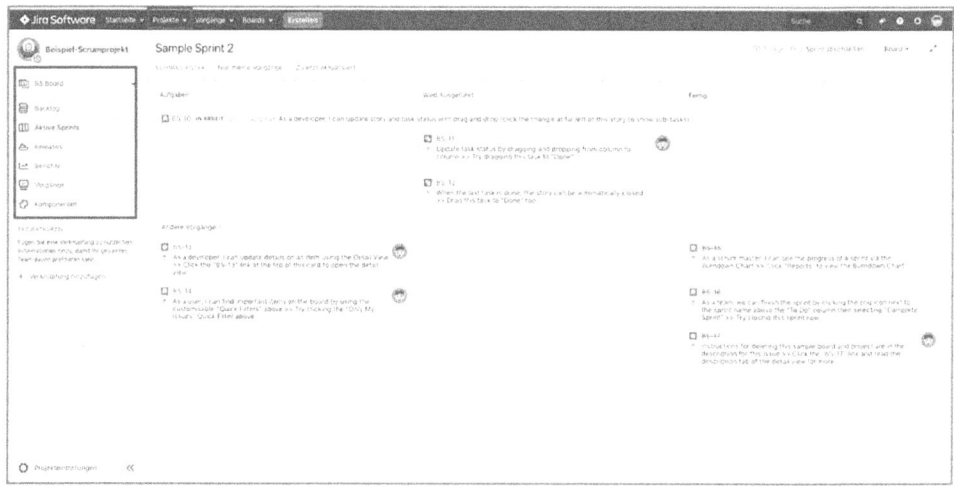

Abb. 19: Scrum Board

▶ In der Cloud-Version gelangst du zu deinem Scrum Board, indem du im System-Dashboard am linken Rand auf **Projekte** klickst und von dort zu deinem Projekt navigierst.

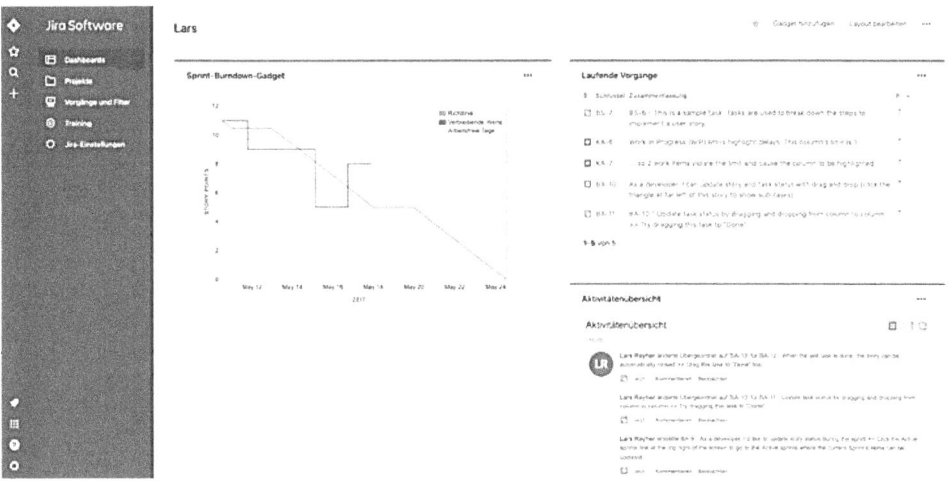

Abb. 21: Scrum Dashboard in der Cloud-Version

Product Backlog

Im Reiter Backlog befindet sich dein Product Backlog. Hier sind sämtliche Backlog Items, welche der Product Owner in das Product Backlog einträgt, zu finden. Von dort hast du die Möglichkeit, deinen nächsten Sprint zu planen und deine Product Backlog Items zu bearbeiten.

Aktive Sprints

Im Reiter Aktive Sprints ist dein Sprint Backlog abgebildet. Dieses bildet den Plan ab, was im Sprint vom Entwicklungsteam umgesetzt wird. Dieses Sprint Backlog entsteht innerhalb des Sprint Planning. Hier wird dein individueller Arbeitsablauf mit den jeweiligen Aufgaben mithilfe eines Taskboard abgebildet. Hier kannst du deine Arbeit organisieren, die im Sprint umgesetzt werden soll.

Berichte

Im Reiter Berichte hast du die Möglichkeit, dir verschiedene Berichte zu deinem Projekt oder Sprint anzeigen zu lassen, zum Beispiel eine Burn-Down Chart oder einen Velocity-Bericht. Im weiteren Verlauf des Buches schauen wir uns gemeinsam verschiedene Berichte an. Diese Berichte helfen dir, den Fortschritt deines Projektes zu identifizieren.

Release

Im Reiter Release hast du die Möglichkeit, neue Release-Versionen zu planen und zu verwalten. Releases können einen oder mehrere Sprints umfassen. Die Entscheidung über ein Release trifft der Product Owner. Nachdem der Product Owner einen Release geplant und damit auch erstellt hat, kann dieser verschiedene Backlog Items aus deinem Product Backlog zu einem Release hinzufügen, um den Fortschritt der Releasevorbereitung überprüfen zu können. Wenn nun alle Backlog Items, die der Product Owner für einen Release geplant hat, abgeschlossen sind, hat dieser die Möglichkeit, diesen Release offiziell zu machen. Natürlich ist dies auch vor Abschluss aller vorgesehen Backlog Items möglich, wenn der Product Owner dies entscheidet.

Vorgänge und Filter

Im Reiter Vorgänge und Filter kannst du dir sämtliche Vorgänge, also Backlog Items, anzeigen lassen und zusätzlich verschiedene Filter einstellen, wie zum Beispiel „erledigte Vorgänge", damit nur die für dich relevanten Backlog Items angezeigt werden.

Komponenten

Im Reiter Komponenten kannst du Komponenten erstellen. Komponenten bilden Teilabschnitte eines Projekts ab, welche du zum Gruppieren von Vorgängen zu kleineren Einheiten innerhalb eines Projekts verwenden kannst, um dein Projekt besser organisieren zu können.

Projekteinstellungen

In den Projekteinstellungen kannst du projektspezifische Einstellungen verändern. Diese sind nur mit deinem Projekt verknüpft. Im Gegensatz dazu gibt es noch die Jira-Einstellungen, welche auf einer höheren Ebene agieren. Hier hast du die Möglichkeit, projektübergreifende Einstellungen für Jira einzustellen. Sowohl Projekt- als auch Jira-Einstellungen werden im Laufe des Buches noch genauer erklärt.

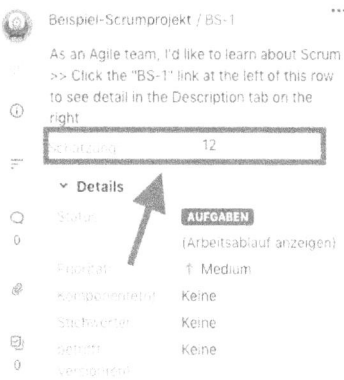

Abb. 22: Reiter Scrum Board

2.6 Vorgangstypen

Vorgangstypen sind verschiedene Arten von Backlog Items innerhalb von Jira, welche innerhalb von Scrum vom Product Owner erstellt und gepflegt werden. Dies geschieht in Abstimmung mit dem Entwicklungsteam. Im späteren Verlauf des Buches lernst du, wie du Vorgangstypen erstellst und bearbeitest.

Jira hat verschiedene Vorgangstypen schon voreingestellt. Folgende Vorgangstypen werden im Folgenden vorgestellt:

- User Story
- Bug
- Task
- Sub-Tasks
- Epics

User Story

User Stories sind kurze und einfache Beschreibungen, welche Anforderungen aus der Perspektive der Person, die sich die Anforderung wünscht, beinhalten. Diese lassen sich in einem Satz zusammenfassen, welcher 3 Attribute beinhalten sollte:

- Wer? (z.B. neuer Kunde)
- Was? (z.B. Registrierung zum Online-Kurs)
- Warum? (z.B. Vorbereitung zur Zertifizierung)

Beispiel
„Ein neuer Kunde soll sich bei einem Online-Kurs registrieren können, um sich auf eine Zertifizierung vorzubereiten."

Bug

Unter Bugs versteht man Programm- oder Produktfehler, die behoben werden müssen, um eine fehlerfreie Version des Produktes übergeben zu können.

Task

Tasks sind Aufgaben, die vom Entwicklungsteam innerhalb der Sprints umgesetzt werden sollen. Der Task befindet sich auf Backlog Item-Ebene, wohingegen Sub-Tasks in der Ebene unter Backlog Items agieren. Mehrere Sub-Task bilden somit ein Backlog Item ab.

Sub-Tasks

Sub-Tasks sind noch detailliertere Aufgaben, die einer größeren Aufgabe zugeordnet werden können. Somit bilden mehrere Sub-Tasks Backlog Items ab. Diese werden vom Entwicklungsteam bestimmt und selbstorganisierend zugewiesen.

Epics

Epics sind große User Stories, welche auch über mehrere Sprints hinausgehen können oder groß genug sind, um in kleinere User Stories aufgeteilt werden zu können. Hier könnte der Buchungsprozess auf einer Website als Epic geführt werden. Innerhalb dieses Buchungsprozesses könnten die Backlog Items: Warenkorb, Bestätigungsseite, Kontakteingabe usw. aufgeführt werden. Somit umfasst das Epic „Buchungsprozess" viele verschiedene Backlog Items.

2.7 Backlog Items erstellen

Auf deinem Scrum-Board wird automatisch ein Product Backlog erstellt, das gepflegt werden muss. Dies stellt eine der Hauptaufgaben des Product Owners dar.

Wenn du nun als Product Owner Backlog Items erstellen möchtest, erledigst du dies über dein Scrum-Board.

Abb. 23: Jira Navigationsleiste

Schritt 1

Klicke auf **Erstellen** am oberen Rand.

▶ In der Cloud-Version kannst du dies über das Plus-Symbol am linken Rand.

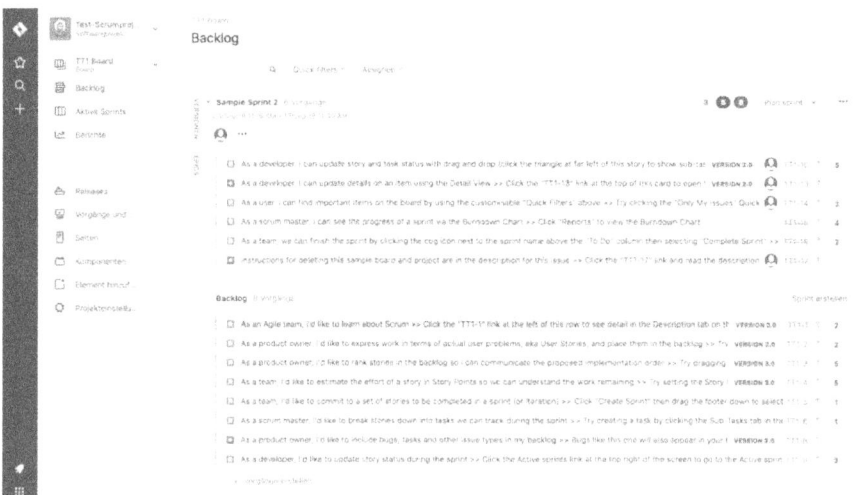

Abb. 24: Scrum Board der Cloud Version

2.7 Backlog Items erstellen 57

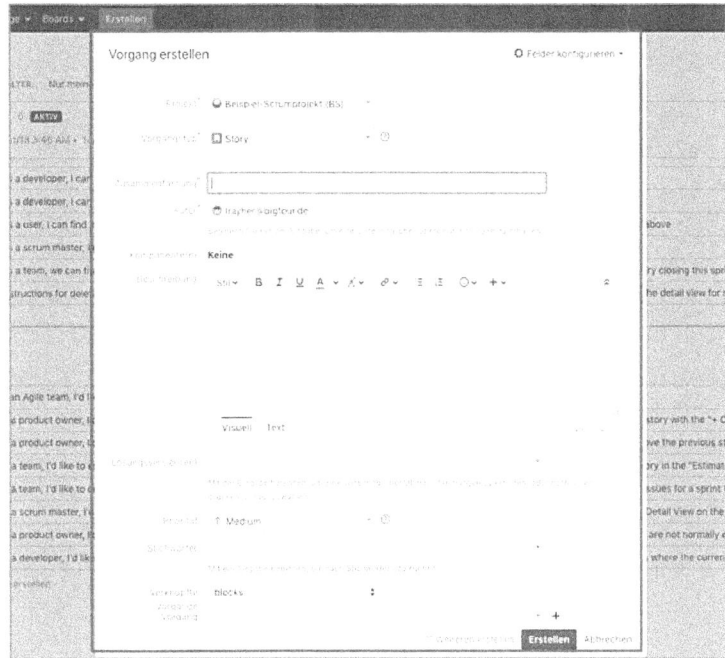

Abb. 25: Bildschirmmaske – Backlog Item erstellen

Schritt 2

Im Pop-Up-Fenster – einer sogenannten Bildschirmmaske – hast du nun die Möglichkeit, Backlog Items zu erstellen. Hierzu wählst du das Projekt, zu welchem das Backlog Item hinzugefügt werden soll, aus.

▶ Zusätzlich hast du die Möglichkeit, zwischen verschiedenen Vorgangstypen auszuwählen wie zum Beispiel User Stories, Bugs etc.

Schritt 3

Gib deinem Backlog Item einen Namen und eine Beschreibung.

▶ Zusätzlich hast du die Möglichkeit, weitere Eigenschaften des Backlog Items hinzuzufügen, wie zum Beispiel Prioritäten einstellen oder Epic-Verknüpfungen. Weitere Eigenschaften eines Backlog Items wären die Definiton of Done oder eine Schätzung. Im weiteren Verlauf des Buches lernst du, wie du solche benutzerdefinierte Felder für Eigenschaften eines Backlog Items erstellen kannst. Diese benutzerdefinierte Felder kannst du über den Button **Felder Konfigurieren** ein- und ausblenden.

▶ Später hast du zusätzlich die Möglichkeit, innerhalb des Product Backlog weitere Eigenschaften nach der Erstellung des Backlog Items hinzuzufügen, um somit deine Backlog Items auf Ready zu setzen.

Schritt 4

Nachdem du weitere Eigenschaften hinzugefügt hast, klicke auf **Erstellen**. Wenn du ein weiteres Backlog Item erstellen möchtest, hast du die Möglichkeit, dies über die Checkbox neben dem Button **Erstellen** auszuwählen.

2.8 Epic erstellen

Epics werden vom Product Owner erstellt, damit er die Arbeit im Product Backlog besser organisieren kann. Dieses Epic enthält verschiedene Backlog Items, welche zu einem gemeinsamen Themengebiet gehören.

Schritt 1

In deinem Backlog hast du die Möglichkeit, Epics über das Epic Panel zu erstellen. Klicke hierzu auf **Epics** direkt neben dem Backlog. Alternativ kannst du Epics über den Button **Erstellen** auf der oberen Leiste erstellen.

▶ In der Cloud-Version kannst du dies über das Plus-Symbol am linken Rand.

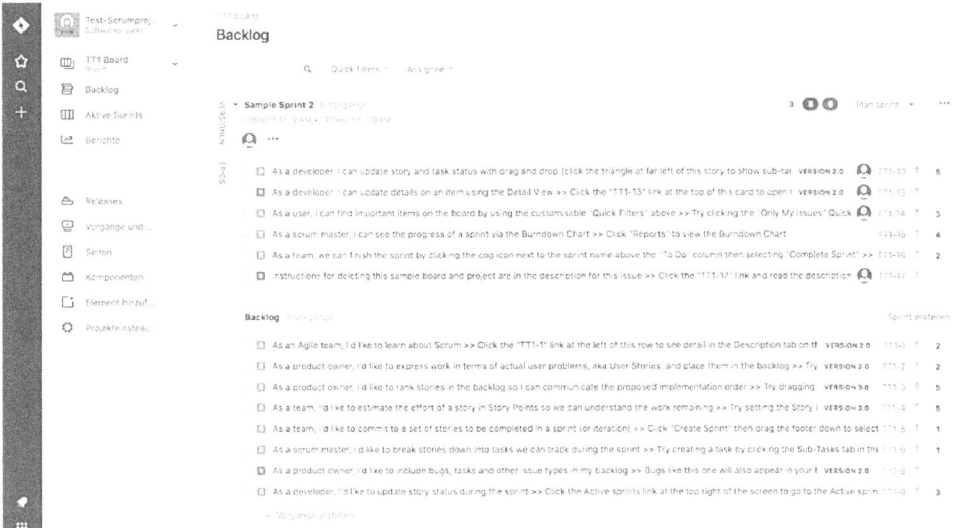

Abb. 26: Scrum Board der Cloud-Version

Schritt 2 Wenn du über das Epic Panel ein Epic erstellst:

Klicke auf **Epic erstellen**. Hier gelangst du zur gleichen Bildschirmmaske, wie wenn du über den Button **Erstellen** gehst. Trage nun einen Namen und eine Zusammenfassung des Epics ein und klicke auf **Erstellen.**

▶ Nun wird dir dein Epic in deinem Epic-Panel angezeigt

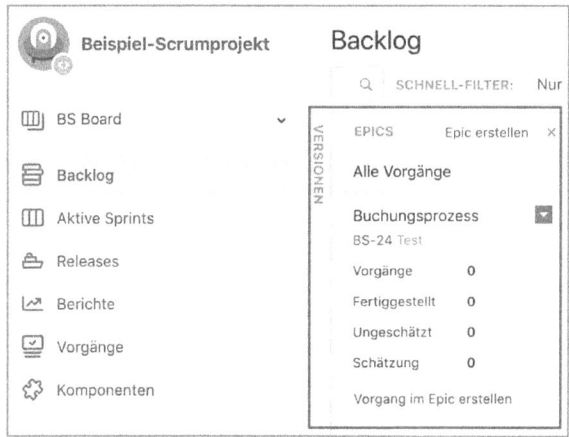

Abb. 27: Epic-Panel – Scrum Board

Backlog Items zu Epics hinzufügen

Du hast 3 Möglichkeiten, Backlog Items zu einem Epic hinzuzufügen:

- Indem du ein Backlog Item erstellst und in den Eigenschaften das Backlog Item direkt zu einem ausgewählten Epic hinzufügst.
- Indem du im Epic Panel auf **Vorgang in Epic erstellen** klickst und dein Backlog Item erstellst.
- Per Drag & Drop kannst du vorhandene Backlog Items in das Epic Panel und jeweilige Epics verschieben.

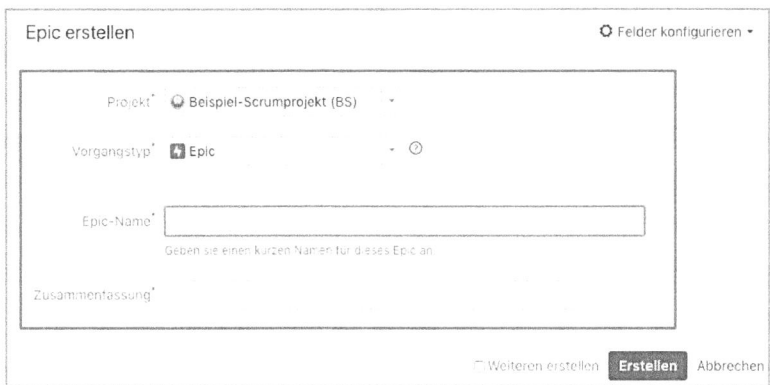

Abb. 28: Bildschirmmaske – Epic erstellen

2.9 Sub-Task erstellen

Nachdem du Backlog Items erstellst hast, kannst du Backlog Items Sub-Tasks zuweisen, d.h. Unteraufgaben, die erledigt werden müssen, um Backlog Items abzuschließen oder – wie es in Scrum heißt – auf „Done" zu setzen.

Schritt 1

Klicke in deinem Backlog auf das Backlog Item, zu welchem Sub-Tasks hinzugefügt werden sollen.

Nun werden dir die verschiedenen Eigenschaften des Backlog Items angezeigt.

Schritt 2

Unter dem Punkt **Unteraufgaben** kannst du über **Unteraufgaben erstellen** neue Sub-Tasks hinzufügen.

▶ Hinweis: Falls der Punkt Sub-Tasks nicht vorhanden sein sollten, kannst du diese mittels des Checkbox-Symbols auf der linken Seite der Eigenschaften erstellen.

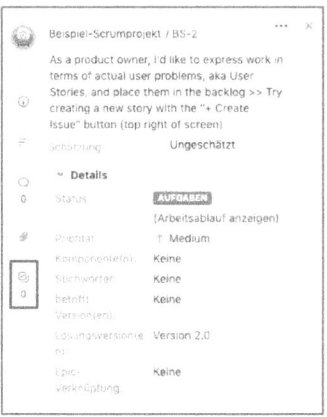

Abb. 29: Scrum Board – Backlog Item Eigenschaften

Schritt 3

Beschreibe die Aufgabe, die erledigt werden soll, und füge weitere Eigenschaften hinzu. Dort hast du die Möglichkeit, diese Aufgabe einer Person zuzuordnen. Danach klickst du auf **Erstellen**.

▶ In der Cloud-Version kannst du die Eigenschaften der Aufgabe erst nach dem Erstellen hinzufügen. Vorher erstellst du lediglich die Aufgabe mit einem Titel. Nachdem du den Sub-Task erstellt hast, kannst du mit einem Klick auf die Aufgabe weitere Eigenschaften hinzufügen, wie die Priorität oder die Aufgabe einer Person zuweisen.

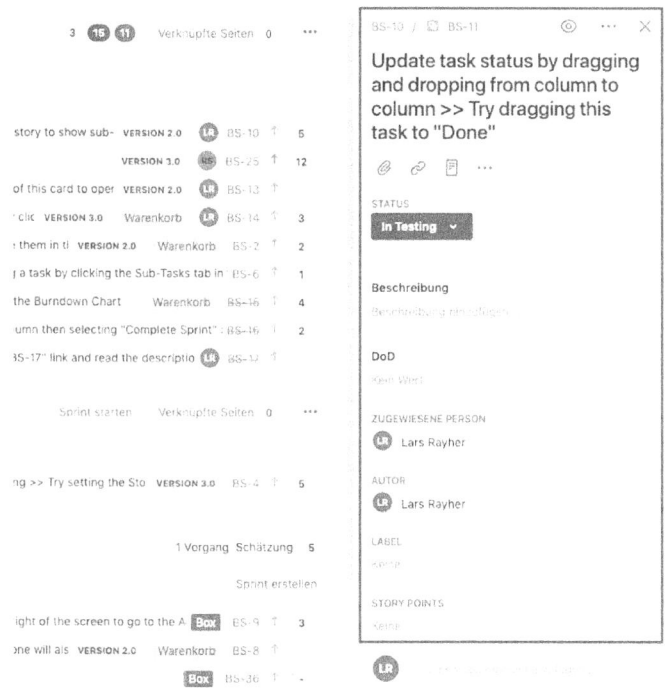

Abb. 30: Scrum Board – Sub-Task-Eigenschaften

2.10 Estimation

Um Backlog Items auf „Ready" zu setzen, damit diese im Sprint umgesetzt werden können, musst du Schätzungen durchführen. Dies macht der Product Owner in Abstimmung mit dem Entwicklungsteam. Dabei haben sich innerhalb von Scrum sogenannte Story Points entwickelt, was eine Art der Aufgabenabschätzung darstellt.

Story Points

Story Points ist eine relative Maßeinheit zur Einschätzung der Komplexität eines Backlog Items, um dieses auf „Done" zu setzen. Es geht nicht um die klassische Zeitdauer, die benötigt wird, damit die Story umgesetzt werden kann, sondern um die Komplexität. Einfluss auf diese Komplexität haben beispielsweise

- die Menge der Arbeit,
- die Komplexität der Arbeit,
- jegliche Risiken oder Ungewissheiten und
- die Eigenschaften des Backlog Items.

Ein Team muss für sich selbst entscheiden, was Komplexität für sie bedeutet, und dementsprechend verschiedene Eigenschaften für Komplexität definieren.

Eine Form, Story Points abzubilden, ist eine Fibonacci-Reihe:

$$1, 2, 3, 5, 8, 13, 21, 34 \dots$$

Um auf eine Schätzung zu kommen, werden verschiedene Methoden angewandt, wie Planning Poker oder ähnliche Herangehensweisen.

Schritt 1

Klicke in deinem Backlog auf das Backlog Item, zu welchem du eine Schätzung hinzufügen möchtest.

Nun werden dir die verschiedenen Eigenschaften des Backlog Items angezeigt. Deine Schätzung kannst du auch beim Erstellen deines Backlog Items hinzufügen.

Schritt 2

Trage unter dem Punkt **Estimation** deine Schätzung ein.

▶ Hinweis: Du hast die Möglichkeit, verschiedene Schätzmethoden einzustellen, mehr dazu im Kapitel Board-Einstellungen.

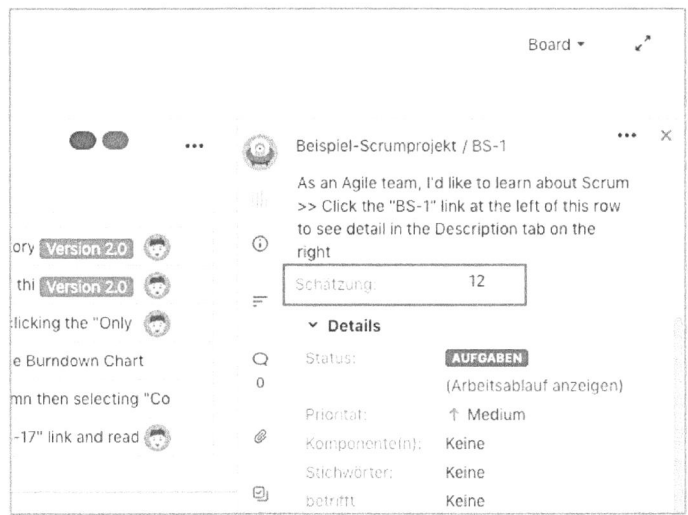

Abb. 31: Backlog Item-Eigenschaften (2)

2.11 Arbeit zuweisen

Um die Arbeit besser organisieren zu können, hast du die Möglichkeit, Teammitgliedern Backlog Items oder Sub-Tasks zuzuweisen. Nach Scrum macht dies das Entwicklungsteam selbstorganisierend. Es ist keine Aufgabe des Product Owners.

Schritt 1

Klicke in deinem Backlog auf das Backlog Item oder die enthaltende Sub-Task, welches du einem Teammitglied zuweisen möchtest.

Nun werden dir die verschiedenen Eigenschaften des Backlog Item oder Sub-Task angezeigt.

Schritt 2

Unter dem Punkt **Personen** kannst du über das Klicken auf **Nicht zugewiesen** einer oder mehreren Personen Arbeit zuweisen.

▶ Arbeit kannst du auch beim Erstellen deines Backlog Items hinzufügen.

Abb. 32: Backlog Item-Eigenschaften (3)

▶ In der Cloud-Version kannst du Arbeit unter dem Punkt **Zugewiesene Personen** zuweisen.

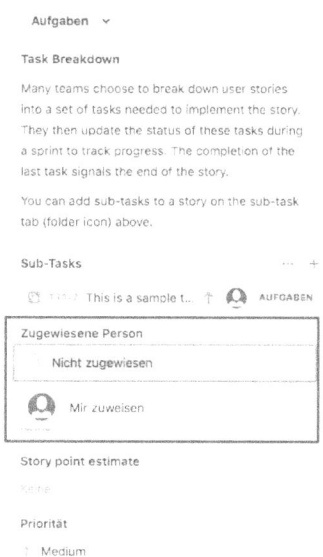

Abb. 33: Scrum Board – Backlog Item-Eigenschaften

2.12 Rangfolge und Priorität

Um Backlog Items auf „Ready" zu setzen, damit diese im Sprint umgesetzt werden können, müssen Backlog Items priorisiert werden. Dies gehört zu den Aufgaben des Product Owner.

Rangfolge

Schritt 1

Die Reihenfolge der Backlog Items innerhalb des Backlogs können ganz einfach per

2 Jira Basics

Drag & Drop verschoben werden. Dazu nimmst du mit der Maus das Backlog Item, das du verschieben möchtest, und ziehst es an die gewünschte Stelle.

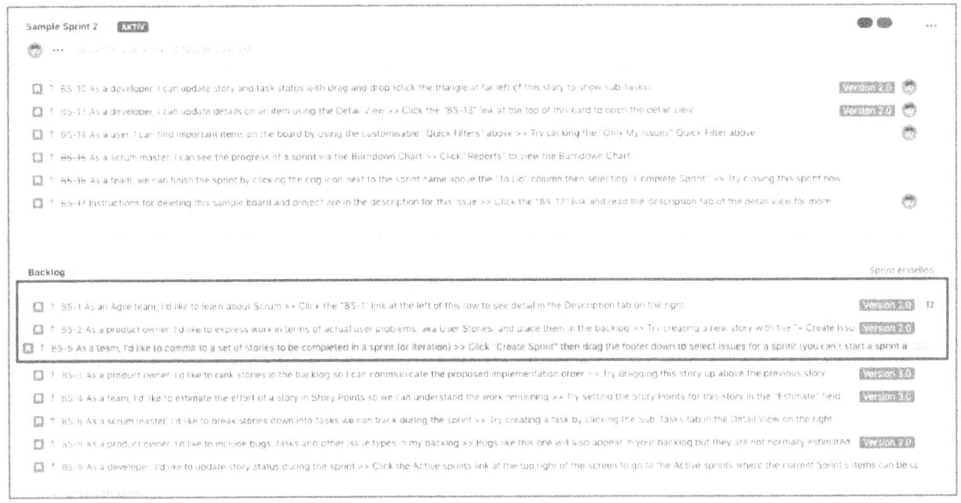

Abb. 34: Product Backlog – Scrum Board

Priorität

Prioritäten sind innerhalb von Projekten wichtig, um gewisse Aufgaben aufgrund ihrer Priorität hervorzuhaben. Deshalb kann man in Jira jedem Backlog Item eine Priorität zuordnen. Folgende Prioritäten sind von Jira aus voreingestellt, können aber innerhalb der Jira-Einstellungen, welche wir uns noch im Verlaufe des Buches anschauen werden, individuell angepasst werden:

- Highest
- High

- Medium
- Low
- Lowest

Zusätzlich sind diese mit Pfeilen und einer Farbe markiert, die ebenfalls in den Jira-Einstellungen individuell angepasst werden können.

Schritt 1

Klicke in deinem Backlog auf das Backlog Item, zu welchem du eine Priorität hinzufügen möchtest.

Nun werden dir die verschiedenen Eigenschaften des Backlog Item angezeigt.

Schritt 2

Trage unter dem Punkt **Priorität** deine Priorisierung ein.

▶ Hinweis: Diese Eigenschaft kann bereits bei der Erstellung des Backlog Items gemacht werden

2.13 Versionen

Mithilfe von Versionen hast du die Möglichkeit, zukünftige Releases zu planen. Backlog Items können Versionen hinzugefügt werden, um danach den Fortschritt der Versionserstellung zu überwachen und festzustellen, wann eine Version releasefähig ist. Dieses kannst du innerhalb deines Scrum Boards im Reiter Releases machen.

Schritt 1

Navigiere auf deinem Scrum-Board in den Reiter **Releases**. Hier hast du eine Übersicht über deine erstellten Versionen.

Schritt 2

Klicke auf **Version verwalten**, um danach auf **Version erstellen** zu klicken.

▶ In der Cloud-Version kannst direkt auf **Version erstellen** klicken.

Abb. 35: Scrum Board – Releases in der Cloud Version

Schritt 3

Nachdem du deiner Version einen Namen gegeben hast, hast du die Möglichkeit, verschiedene Eigenschaften hinzuzufügen, zum Beispiel ein Start- oder Freigabedatum oder eine Beschreibung. Wenn du dies gemacht hast klicke auf **Hinzufügen**.

▶ Hinweis: Im späteren Verlauf hast du die Möglichkeit, diese Daten anzupassen.

Nach diesem Schritt wird dir deine erstellte Version im Reiter **Releases** auf deinem Scrum Board angezeigt. Zusätzlich hast du im Backlog einen Versions-Panel über dem Epic-Panel.

2.13 Versionen

Genauso wie bei Epics hast du auch hier die Möglichkeit, per Drag & Drop Backlog Items zu verschiedenen Versionen hinzuzufügen. Alternativ machst du dies bei der Erstellung eines Backlog Items.

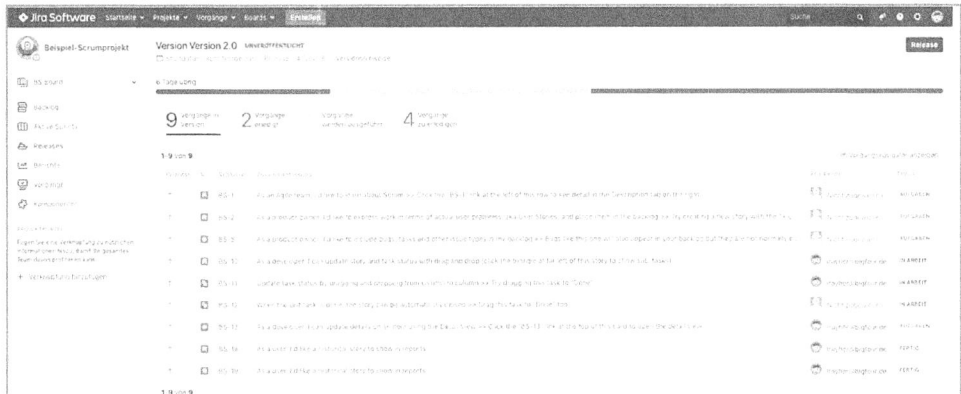

Abb. 36: Übersicht Versionen – Scrum Board

Versionen releasen

Im Menüpunkt Releases siehst du eine Übersicht über alle Versionen, die erstellt worden sind. Mit einem Klick auf eine Version erhältst du alle Informationen zu deiner Version. Zusätzlich hast du die Möglichkeit, die Version zu releasen.

Schritt 1

Wähle die Version aus, welche released werden soll und klicke auf den Button **Release**.

Schritt 2

Wähle ein Releasedatum aus und klicke auf **Release**.

▶ Hinweis: Falls Backlog Items innerhalb der Version nicht auf „Done" gesetzt worden sind, hast du die Möglichkeit, diese zu ignorieren oder in eine andere Version zu übertragen.

2.14 Sprint Planning

Das Ziel des Sprint Plannings ist, den jeweils anstehenden Sprint zu planen. Der Sprint erfolgt in Form eines Präsenzmeetings, das immer als allererstes Meeting eines Sprints stattfindet. Das Sprint Planning findet einmal pro Sprint statt. Jeder Sprint beginnt damit. Innerhalb des Sprint Plannings entsteht das Sprint Backlog. Wie du dieses in Jira erstellst, siehst du in den folgenden Schritten.

Sprint Backlog erstellen und Sprint starten

Bevor die Entwicklungsarbeit starten kann, muss ein Sprint Backlog inklusive Sprint-Ziel erstellt werden, dies wird innerhalb des Events Sprint Planning erstellt.

Schritt 1

Öffne das Backlog im Scrum Board und klicke auf den Button **Sprint erstellen**.

Nun öffnet sich ein Sprint Backlog, welches mit Backlog Items befüllt werden kann.

Schritt 2

Füge dem Sprint Backlog per Drag & Drop Backlog Items hinzu.

▶ Hinweis: Diese Eigenschaft kann bereits bei der Erstellung des Backlog Items gemacht werden

Nachdem du alle Backlog Items in das Sprint Backlog hinzugefügt hast, kannst du einen Sprint starten.

2.14 Sprint Planning

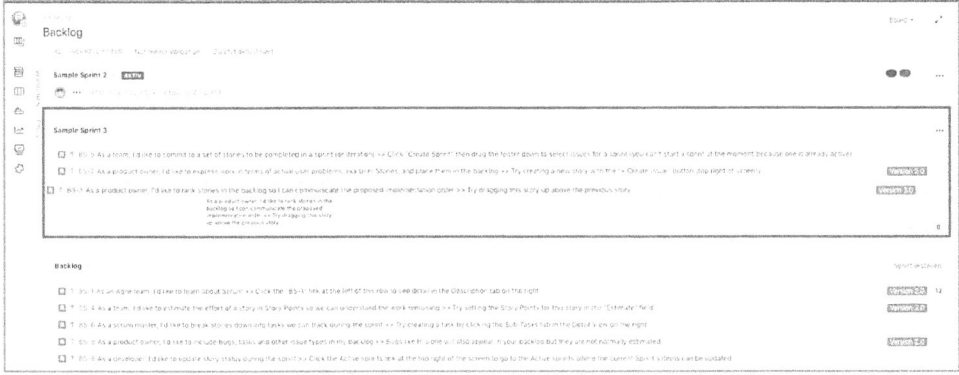

Abb. 37: Product Backlog – Scrum Board (2)

Abb. 38: Bildschirmmaske – Sprint starten

Schritt 3

Klicke auf **Sprint starten** und füge dem Sprint einen Namen, ein Startdatum, eine Länge und ein Sprint-Ziel hinzu.

▶ Hinweis: Falls deine Backlog Items nicht auf „Ready" gesetzt worden sind, also keine Schätzung oder Beschreibung oder Priorisierung hat, bekommst du die Meldung „Vorgang XXX hat keinen Wert für das Feld >Schätzung<. Werte, die nach dem Start des Sprints eingegeben werden, werden als Änderung des Umfangs angesehen", der Sprint kann dennoch gestartet werden. Du solltest dir im Klaren sein, dass dies einen Einfluss auf deinen Sprint haben kann. Aus diesem Grund wird in Scrum vorausgesetzt, dass nur Ready Items in das Sprint Backlog aufgenommen werden dürfen. Danach wird dein Sprint Backlog automatisch in den Menüpunkt aktive Sprints übernommen.

Parallele Sprints

Du hast die Möglichkeit, mehrere Sprints gleichzeitig laufen zu lassen. Dies ist relevant, wenn man mit mehreren Teams am selben Produkt arbeitet. Wenn du diese Funktion aktivieren möchtest, machst du dies über die Jira-Einstellungen.

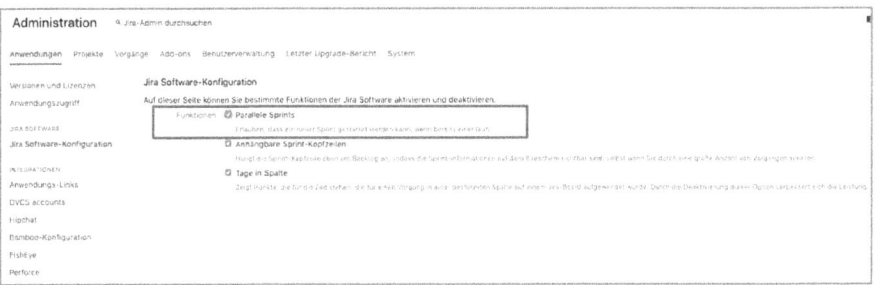

Abb. 39: Jira-Einstellungen – Parallele Sprints

Schritt 1

Navigiere zu Jira-Einstellungen ➔ Anwendungen ➔ Jira Konfigurationen.

Schritt 2

Aktiviere die Checkbox, um parallele Sprints durchführen zu können.

2.15 Entwicklungsarbeit

Innerhalb der Entwicklungsarbeit arbeitet das Entwicklungsteam, zusätzlich zum Product Backlog Refinement, indem es die Product Backlog Items auf Ready setzt, hauptsächlich mit dem Menüpunkt Aktive Sprints. Dort werden dir alle Backlog Items und Tasks angezeigt, die im Sprint umgesetzt werden sollen, in Form eines Taskboards, welches das Sprint Backlog abbildet. Diese Backlog Items befinden sich in verschiedenen Spalten, welche die Arbeitsabläufe abbilden, die ein Backlog Items durchlaufen muss.

▶ Ein Arbeitsablauf beinhaltet mehrere Status, welches ein Backlog Items durchlaufen muss, um am Ende auf „Done" gesetzt werden zu können.

Zusätzlich kann dein Board in Schwimmbahnen, so genannte Swimlanes, aufgeteilt werden, welche die Arbeit besser organisieren und die Backlog Items gruppieren. Spalten und Swimlanes können individuell angepasst werden. Darauf gehen wir innerhalb der **Board-Einstellungen** ein.

Backlog Items werden per Drag & Drop in die verschiedenen Spalten verschoben und können so auf „Done" gesetzt werden. Dies wird in der Praxis meistens innerhalb des Daily Scrum von Entwicklungsteams erledigt. Mit einem Klick auf ein Backlog Item werden weitere Informationen zum Backlog Item angezeigt, wie die Beschreibung, Story Points, Kommentare usw.

76   2 Jira Basics

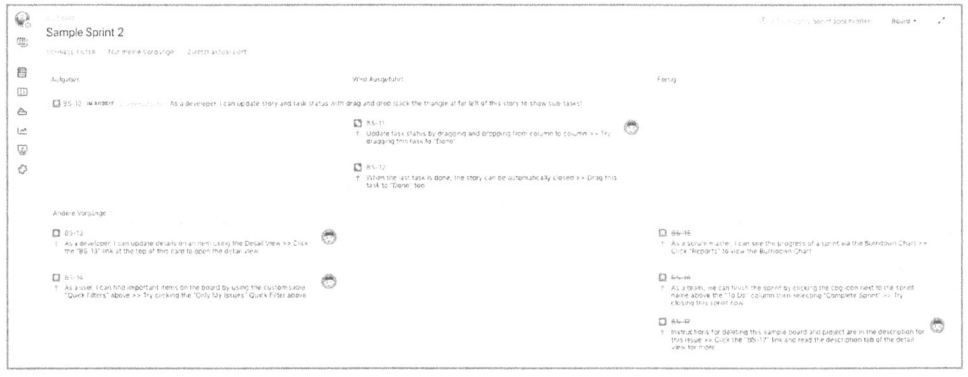

Abb. 40: Sprint Backlog – Scrum Board

Karte

Eine Karte ist eine digitale Karte, die sich im Sprint Backlog im Reiter Aktive Sprints befindet. Du kannst diese mit einem Post-It auf deinem Taskboard vergleichen. Diese können in verschiedene Kategorien eingeteilt werden und organisieren deine Arbeit.

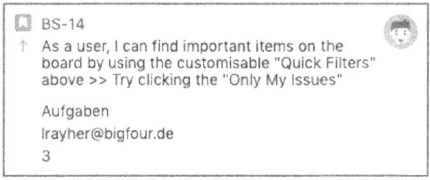

Abb. 41: Scrum Board-Karte

Karten drucken

Innerhalb der Entwicklungsarbeit arbeiten Scrum-Teams häufig mit visuellen Taskboards. Jira bietet dir die Möglichkeit, Karten, also Backlog Items, auszudrucken, um diese dann in eurem Entwicklerraum analog abzubilden.

Schritt 1

Öffne den Menüpunkt [Aktive Sprints].

Schritt 2

Klicke neben dem Button [Sprint abschließen] auf [...].

Abb. 42: Scrum Board – Karten drucken

Abb. 43: Scrum Board – Karten drucken (2)

Schritt 3

Wähle den Menüpunkt [Karten drucken] aus.

Sprint abschließen

Wenn die Time-Box des Sprints abgelaufen ist, muss der Sprint beendet werden, dies wird in der Praxis vom Product Owner übernommen. Dabei gehen alle Backlog Items, welche nicht auf „Done" gesetzt worden sind, zurück ins Product Backlog und werden vom Product Owner neu priorisiert. Wie du dies in Jira durchführst, siehst du in folgenden Schritten:

Schritt 1

Öffne den Reiter **Aktive Sprints**.

Schritt 2

Klicke auf den Button **Sprint abschließen**.

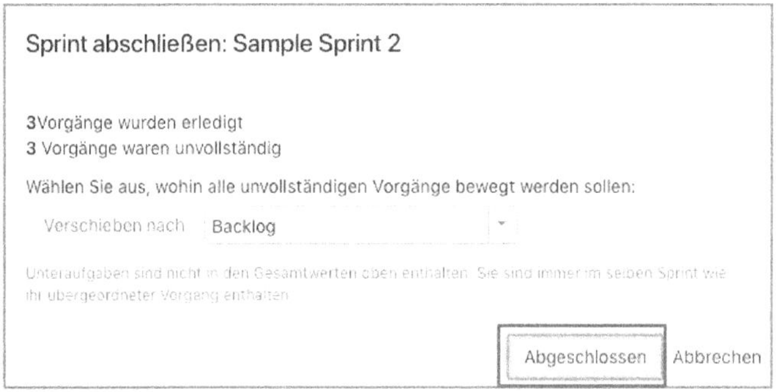

Abb. 44: Bildschirmmaske – Sprint abschließen

Schritt 3

Klicke auf **Abschließen**.

▶ Hinweis: Falls Backlog Items nicht auf „Done" gesetzt worden sind, hast du die Möglichkeit, diese in das Backlog zurückzugeben oder an einen anderen Sprint zu übergeben.

2.16 Reporting

Während der Arbeit im Sprint liefert Jira dir die Möglichkeit, den Fortschritt zu überprüfen. Dazu generiert dir Jira automatisch verschiedene Berichte.

Im Menüpunkt Berichte bietet dir Jira viele verschiedene Arten von Berichten, mit denen der Fortschritt überprüft werden kann. Diese Berichte können auch innerhalb der Scrum Events, insbesondere der Retrospektive, angewandt werden. Folgende Berichte schauen wir uns jetzt gemeinsam an:

- Sprint-Bericht
- Burn-Down-Chart
- Velocity-Bericht
- kumuliertes Flussdiagramm

Video anschauen: Reporting
In diesem Video gibt der Autor Lars Rayher einen Überblick darüber, welche Möglichkeiten des Reportings es in Jira gibt und wie man sie umsetzt.

www.agile-heroes.de/buch/jira

Sprint-Bericht

Der Sprint-Bericht zeigt den aktuellen Status des Sprints. Dies macht er mithilfe einer Burn-Down-Chart und der Aufführung aller Backlog Items, welche im Sprint umgesetzt werden sollen, und den jeweiligen Status, in dem sich das Backlog Item befindet. Ebenso zeigt er bei Abschluss eines Sprints einen Überblick des Sprints mithilfe der gleichen Anzeigen an.

Einstellungsmöglichkeiten:

- Wähle aus verschiedenen Sprints aus.

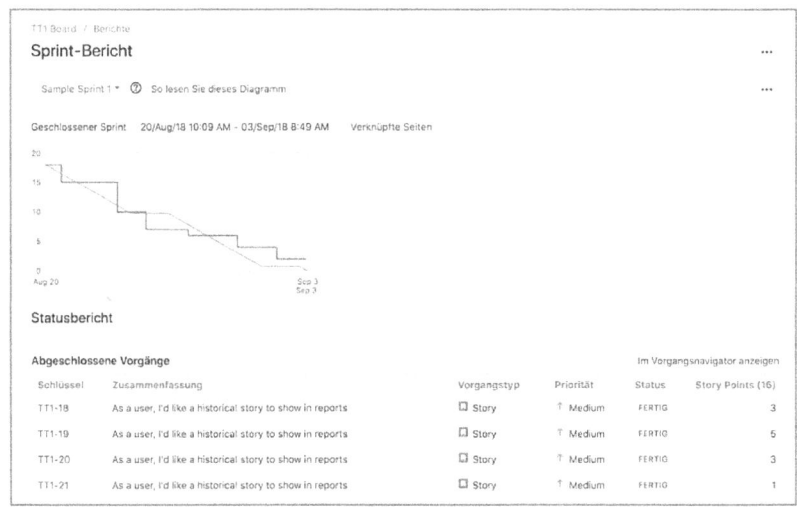

Abb. 45: Sprint-Bericht

Burndown-Chart

Ein Burndown-Chart dient der Überprüfung der verbleibenden Arbeit in Abhängigkeit zur verbleibenden Zeit und der Analyse, mit welcher Wahrscheinlichkeit das Sprint-Ziel zu erreichen ist. Sie zeigt an, wann die Arbeit fertig sein wird, falls es keine Komplikationen gibt. Dies wird über die graue Prognose-Linie dargestellt. Die rote Linie zeigt den tatsächlichen Status an. Wenn die rote Linie über der grauen liegt, ist mehr Arbeit zu erledigen, als geplant war. Der Sprint liegt also hinter dem Zeitplan. Anderenfalls liegt der Sprint vor dem Zeitplan.

2.16 Reporting

Einstellungsmöglichkeiten:

▶ Wähle einen bestimmten Sprint aus.
▶ Auswahl zwischen Story Points, Zeitschätzung und Anzahl der Vorgänge, was dir auf der Ordinate angezeigt werden soll.

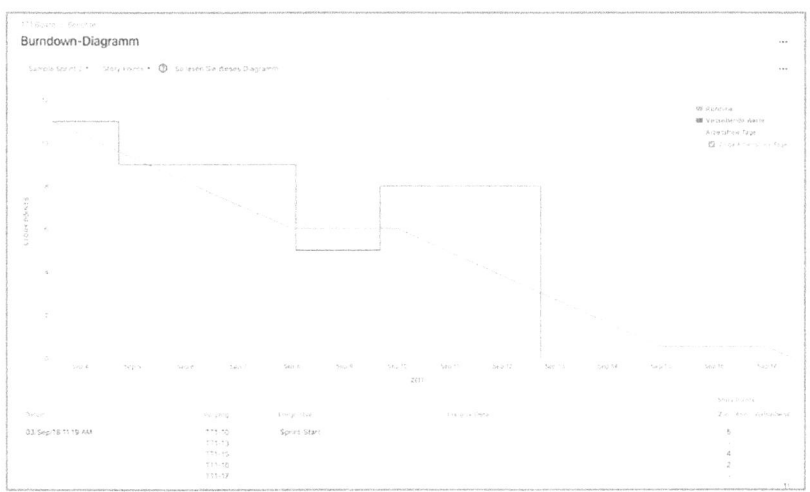

Abb. 46: Burn-Down-Chart

Velocity-Bericht

Ein Velocity-Bericht dient der Verfolgung, wie viel Arbeit von Sprint zu Sprint abgeschlossen wurde. So kann die Geschwindigkeit des Teams bestimmt und realistisch abgeschätzt werden, wie viel Arbeit euer Team in künftigen Sprints erledigen kann. Dazu werden die geplanten Story Points den tatsächlich geleisteten Story Points gegenübergestellt.

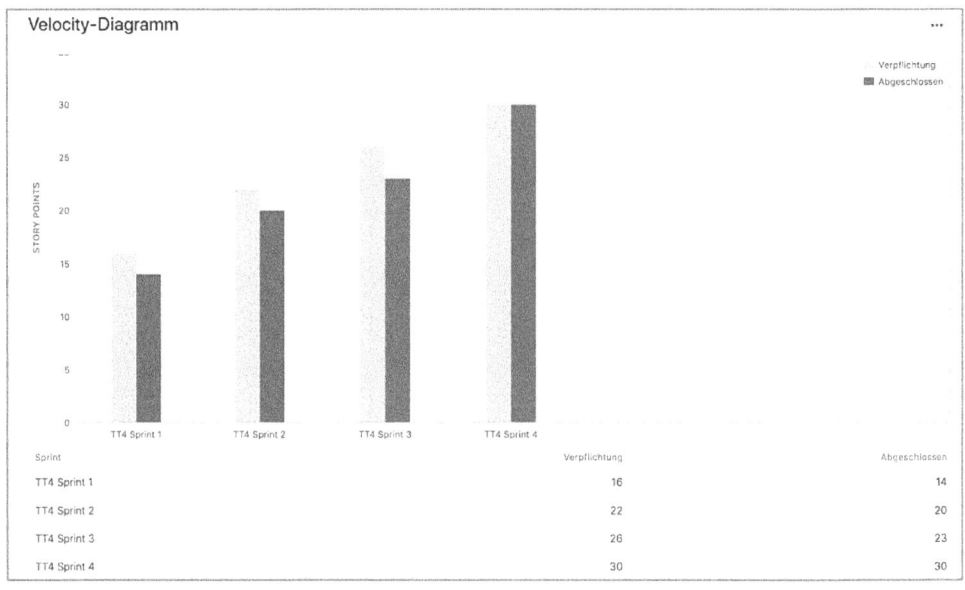

Abb. 47: Velocity-Bericht

Kumuliertes Flussdiagramm

Ein kumuliertes Flussdiagramm zeigt den Status von Vorgängen über einen bestimmten Zeitraum und die damit verbundenen potenziellen Engpässe an. Es werden verbleibende, laufende und fertige Aufgaben in einem Flussdiagramm dargestellt.

Einstellungsmöglichkeiten:

▶ Wähle zwischen verschiedenen Zeiträumen aus.
▶ Wähle zwischen verschiedenen Einschränkungen.

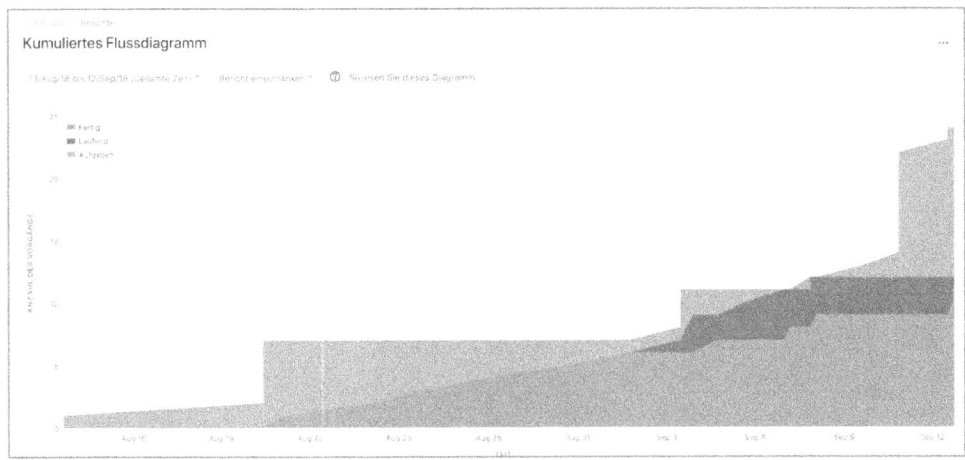

Abb. 48: Kumuliertes Flussdiagramm

3 Jira individualisieren

Dieses Kapitel dient dazu, deine Projektumgebung individuell für dich anzupassen. Dies erledigst du über die Jira-Einstellungen: hier hast du die Möglichkeit, verschiedene Vorgangstypen, Bildschirmmasken oder Arbeitsabläufe zu erstellen und diese in dein Projekt zu integrieren. Zusätzlich hast du die Möglichkeit, verschiedene Berechtigungen zu vergeben. Dies bewirkt, dass Aktionen nur von bestimmten Personen durchgeführt werden können.

3.1 Such-Funktion

Zunächst stellen wir dir die Such-Funktion in Jira vor. Diese nutzt dir, um dich besser in Jira zurecht zu finden. Du hast die Möglichkeit, über die Eingabe des gesuchten Begriffes in der Suchfunktion zu diesem zu navigieren, insbesondere wenn du verschiedene Einstellungsmöglichkeiten oder bestimmte Vorgänge suchst. Diese findest du in der Navigationsleiste von Jira.

Abb. 49: Jira-Suchfeld

3.2 Jira-Einstellungen

Innerhalb der Jira-Einstellungen hast du die Möglichkeit, projektübergreifende Einstellungen zu treffen. Diese können zum Beispiel auf viele verschiedene Projekte angewandt werden. Innerhalb der Projekteinstellungen kannst du dann projektspe-

86   3 Jira individualisieren

zifische Einstellungen vornehmen. Um zu den Jira-Einstellungen zu navigieren, klickst du auf das Zahnrad am rechten oberen Rand, von dort gelangst du zu den Einstellmöglichkeiten.

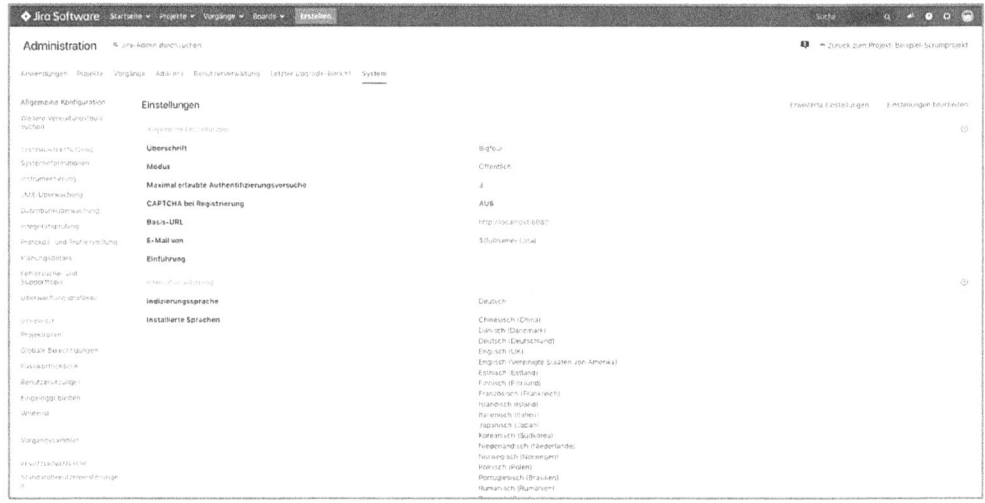

Abb. 50: Jira-Einstellungen

> ▶ In der Cloud-Version navigierst du zu den Jira-Einstellungen, indem du auf das Jira-Symbol auf der linken Seite klickst. Dort findest du unter den Punkten Dashboards, Projekt und Vorgänge den Punkt Jira-Einstellungen.

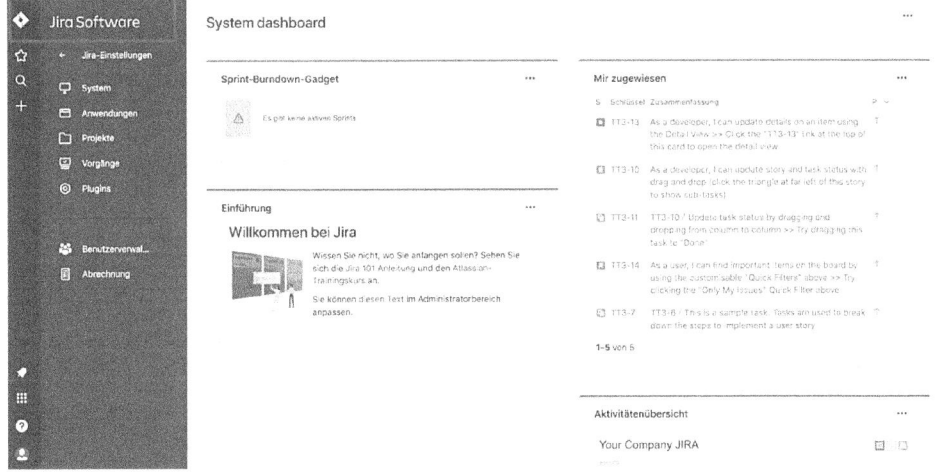

Abb. 51: Jira-Einstellungen in der Cloud-Version

3.3 Projekt-Einstellungen

Wenn du dich im Scrum Board befindest, hast du auf der linken Seite die Auswahlmöglichkeit der Projekteinstellungen. Hier kannst du die Einstellungen individuell an dein Projekt anpassen. Zunächst hast du unter dem Punkt **Zusammenfassung** eine Zusammenfassung über alle Einstellungen im Projekt. Hier kannst du deine in den Jira-Einstellungen individuell erstellten Arbeitsabläufe, konfigurierten Felder, Bildschirmmasken und Berechtigungen im Projekt integrieren.

3 Jira individualisieren

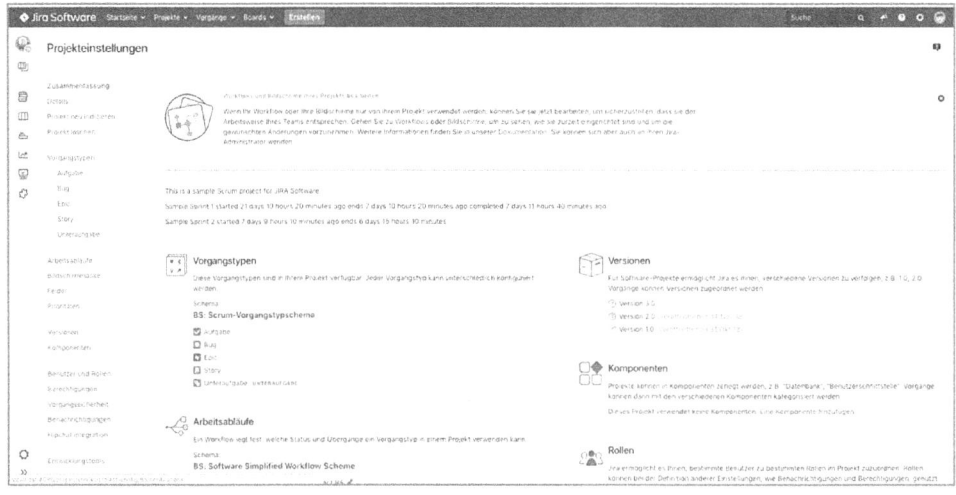

Abb. 52: Projekteinstellungen

3.4 Scrum Board-Einstellungen

Board-Einstellungen

Das Scrum Board ist die Benutzeroberfläche, mit der du jeden Tag in deinem Projekt arbeiten wirst. Es ermöglicht dir, deine

Video anschauen: Scrum Boards
In diesem Video gibt der Autor Lars Rayher einen Überblick darüber, wie man ein Scrum Board aufsetzt und im Projektalltag erfolgreich nutzt.

www.agile-heroes.de/buch/jira

Aufgaben und Arbeitsabläufe zu organisieren und zu visualisieren. Wenn du dich in deinem Backlog befindest, hast du die Möglichkeit, dein Board anzupassen und somit verschiedene Boards mit unterschiedlichen Filtern zu erstellen. Dies erledigst du über den Button **Board** am rechten oberen Rand. Ebenfalls können hier neue

3.4 Scrum Board-Einstellungen

Boards erstellt werden. Diese helfen dir, wenn du verschiedene Boards für verschiedene Gruppen anlegen möchtest. Hier könnten unter anderem ein Board für Stakeholder angelegt werden, in dem zum Beispiel Improvements aus der Retrospektive herausgefiltert werden. Oder es sollen nur bestimmte Backlog Items angezeigt werden. Dann könnte man ein Board für ein bestimmtes Team anlegen.

Wenn du nun dein Board anpassen möchtest, erledigst du dies über den Punkt **Konfigurieren**.

▶ In der Cloud-Version navigierst du über die drei Punkte auf deinem oberen rechten Bildschirmrand zu den Board-Einstellungen.

Abb. 53: Scrum Board in der Cloud-Version

Scrum Board-Einstellungen – Allgemein

Hier kannst du allgemeine Themen einstellen – wie den Namen und die Administratorrechte deines Scrum Boards. Unter dem Punkt **Filter** hast du die Möglichkeit,

90 3 Jira individualisieren

Freigabeberechtigungen bestimmten Personen oder Gruppen zuzuordnen. Zusätzlich können verschiedene Filtereinstellungen vorgenommen werden, die dein Board individualisieren. Dies kann über den Punkt **Filter-Abfrage bearbeiten** vorgenommen werden. Dies hilft dir, wenn du zum Beispiel dein eigenes Board erstellen möchtest. Dann hast du die Möglichkeit, nur dir zugeordnete Aufgaben in deinem Board abzubilden.

Abb. 54: Board-Einstellungen

Scrum Board Einstellungen – Spalten

In der Spaltenverwaltung hast du die Möglichkeit, deine Spalten innerhalb des Scrum Boards anzupassen. Du kannst zu den Standardspalten **Aufgaben**, **Wird ausgeführt** und **Fertig** neue Spalten hinzufügen – zum Beispiel „In Testing". Ebenso können Spalteneinschränkungen gesetzt werden, wie zum Beispiel nur eine bestimmte Anzahl an Backlog Items, die in einer Spalte zugelassen sind. Diese Spalten bilden den Arbeitsablauf deines Taskboards ab, welches du und dein Team gemeinsam verwenden.

Für eine neue Spalte muss vorab ein Status erstellt werden, welchen man zur Spalte hinzufügen kann. In einen Status geht ein Backlog Item im Laufe des Arbeitsablaufes über; so kann ein Backlog Item am Anfang einen Status **Offen** haben und von dort über **In Arbeit** zu **Abgeschlossen** gehen.

Um nun eine neue Spalte hinzuzufügen, klickst du auf **Spalte hinzufügen** und ziehst per Drog & Drop einen Status der neuen Spalte hinzu. Diesen findest du auf der rechten Seite. Wenn du keinen weiteren Status zur Verfügung hast, nimmst du dies über die Jira-Einstellungen im Bereich **Status** vor.

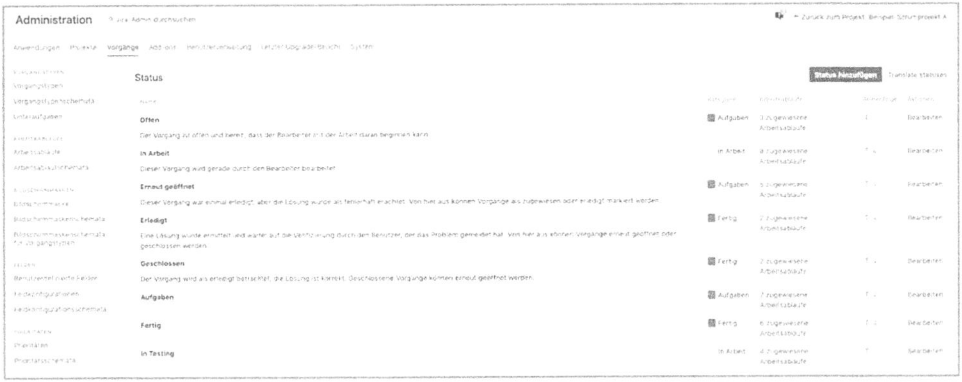

Abb. 55: Jira-Einstellugen – Status

Dieser Status wird nicht automatisch innerhalb der Board-Einstellungen angezeigt, denn er muss mit deinem Projektarbeitsablauf verknüpft sein. Dir wird lediglich der Status deines integrierten Arbeitsablaufes angezeigt. Wie du diesen erstellst oder bearbeitest, lernst du in den folgenden Kapiteln. Wenn du nun ein Backlog Item von einer in eine andere Spalte innerhalb deines Scrum Board schiebst, verändert sich der Status dieses Backlog Items und bewegt sich entlang des eingestellten Arbeitsablaufes.

3 Jira individualisieren

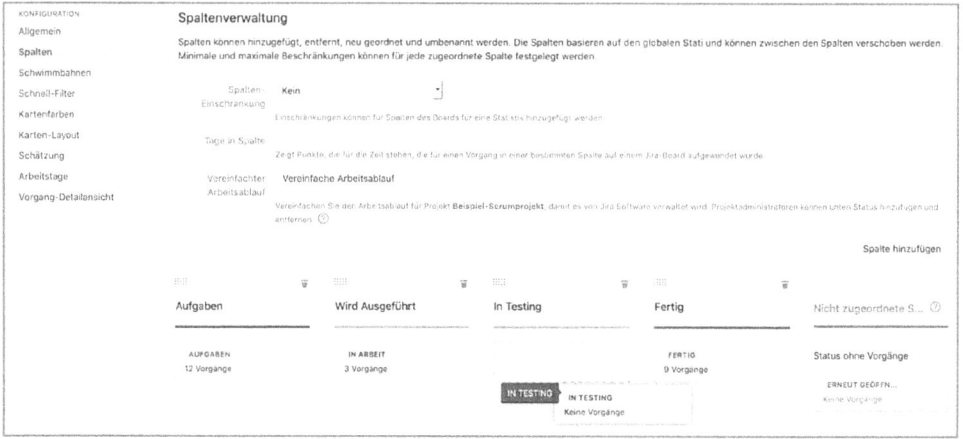

Abb. 56: Spaltenverwaltung – Board-Einstellungen

Scrum Board-Einstellungen – Swimlanes

Eine Swimlane ist eine Zeile auf dem Board, die genutzt werden kann, um Vorgänge zu gruppieren. Diese könnten zum Beispiel verschiedene Epics abbilden. Dann werden alle Backlog Items in den Zeilen nach Epics gruppiert. Wenn du verschiedene Swimlanes einstellst, gruppiert Jira dir diese automatisch. Und die dazugehörigen Backlog Items werden dir jeweils passend angezeigt. Der Swimlane-Typ kann unten geändert werden und wird automatisch gesichert. Zusätzlich zu den vorgegebenen Gruppierungen kann über den Punkt **Abfrage** eine individuelle Swimlanes über JQL's erstellt werden. Mehr zu JQL's im Punkt Schnellfilter.

Schnellfilter

Schnellfilter können benutzt werden, um die Vorgänge eines Boards auf der Basis weiterer JQL-Abfragen weiter einzugrenzen. JQL-Abfragen bieten dir die Möglichkeit, detaillierte Abfragen abzubilden. Dabei kann auf verschiedene Begriffe der Jira-Datenbank eingegangen werden.

Füge dem Schnellfilter einen Namen und eine Beschreibung zu. Danach muss eine JQL-Abfrage erstellt werden. Im Folgenden findest du einige Beispiele für JQL-Abfragen:

- status = „Done" (zeigt alle Items an, die Done sind)
- status = „In Progress" (zeigt alle Items an, die In Progress sind)

Danach kannst du auf deinem Board unter dem Punkt **Schnell-Filter** deine Filter einstellen, diese befinden sich am oberen Rand des Backlogs.

Weitere JQL-Codes, welche in der Abfrage abbilden können, findest du unter:

https://confluence.atlassian.com/jiracorecloud/advanced-searching-fields-reference-765593716.html

Abb. 57: Schnell-Filter – Board-Einstellungen

Scrum Board-Einstellungen – Kartenfarben

Hier hast du die Möglichkeit, die Kartenfarben der einzelnen Elemente in deinem Board anzupassen und auszuwählen, auf welcher Basis diese gruppiert werden sollen.

Scrum Board-Einstellungen – Karten-Layout

Karten können so konfiguriert werden, dass sie bis zu drei zusätzliche Felder anzeigen. Hier können Informationen wie zuständige Person, Priorität und Beschreibung hinzugefügt werden.

Scrum Board-Einstellungen – Schätzung

Beim Punkt **Schätzung** kannst du unter den verschiedenen Schätzmethoden auswählen, zum Beispiel Story Points und Zeitschätzungen.

Neues Scrum Board erstellen

Mithilfe eines neuen Scrum Boards kannst du auf unterschiedlichen Boards unterschiedliche Filtereinstellungen und Zugangsberechtigungen vergeben. So hättest du die Möglichkeit, für Stakeholder ein eignes Board zu erstellen, in dem zum Beispiel Backlog Items aus der Retrospektive nicht angezeigt werden, da diese Scrum-Team-intern sind.

Schritt 1

Klicke in deinem Projekt auf den Button **Board** am oberen rechten Rand und wähle **Board erstellen** aus.

Schritt 2

Wähle nun aus, aus welcher Vorlage das Board erstellt werden soll (Scrum oder Kanban) und klicke auf **Board erstellen**. Diese beiden Boards werden unter dem Begriff Agile Board zusammen gefasst. Möchtest du nun ein Scrum Board haben, klickst du einfach auf **Scrum-Board erstellen**.

Schritt 3

Jetzt kannst du ein neues Board mit einem neuen Projekt erstellen oder einem bestehenden Projekt ein neues Board erstellen. Wähle eine Option aus und klicke auf **Weiter.**

Schritt 4

Vergib nun einen Namen und verknüpfe das Board mit einem bestehenden Projekt, wenn du diese Option gewählt hast, und klicke auf **Erstellen**.

Abb. 58: Bildschirmmaske – Board erstellen

Um zwischen verschiedenen Boards zu wechseln, wähle auf der linken Seite im Dropdown-Menü der verschiedenen Boards das Board aus, mit dem du aktuell arbeiten möchtest.

3 Jira individualisieren

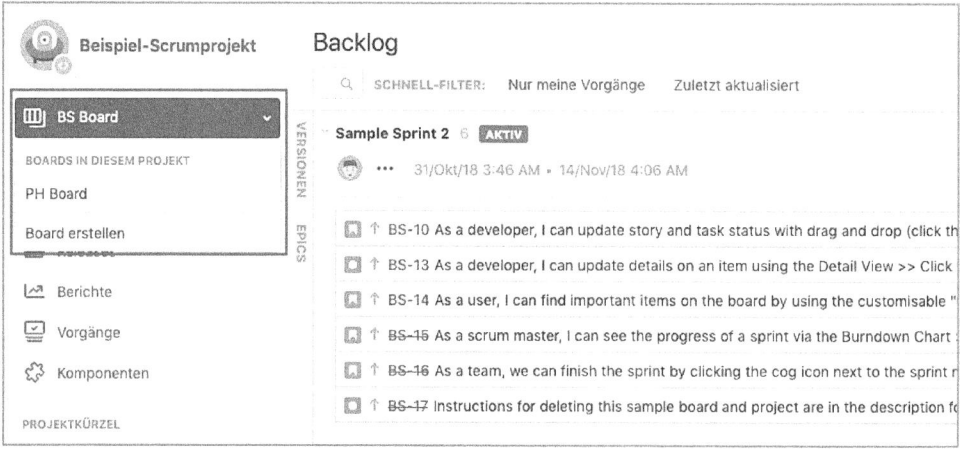

Abb. 59: Scrum Board

Oder du navigierst über die Navigationsleiste am oberen Rand.

Abb. 60: Jira Navigationsleiste

3.5 Vorgangstypen

Vorgangstypen sind verschiedene Arten von Backlog Items innerhalb von Jira, welche innerhalb von Scrum vom Product Owner erstellt und gepflegt werden. Dies geschieht in Abstimmung mit dem Entwicklungsteam.

3.5 Vorgangstypen

Vorgangstypen erstellen

Vorgangstypen können innerhalb Scrum mit den Backlog Items verglichen werden. Backlog Items können verschiedene Formen annehmen wie User Stories, Bugs usw. Du kannst diese für dein Projekt individuell einstellen.

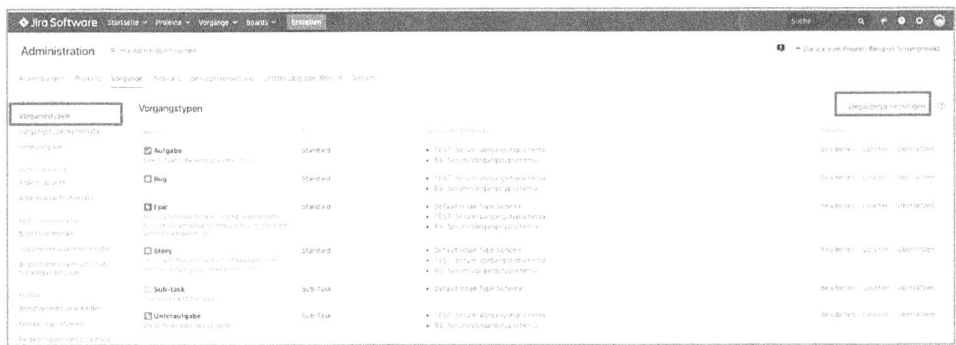

Abb. 61: Jira-Einstellungen – Vorgangstypen

Schritt 1

Gehe zu den Jira-Einstellungen ➔ Vorgänge ➔ Vorgangstypen.

Schritt 2

Klicke auf den Button **Vorgangstyp erstellen**.

Schritt 3

Gib deinem Vorgangstyp einen Namen und wähle aus, ob es sich um einen Standardvorgangstyp oder einen Vorgangstyp für Sub-Tasks handelt und klicke auf **hinzufügen**.

Nun ist der Vorgangstyp erstellt. Innerhalb der Projekte wird dieser jedoch nicht angezeigt. Hierzu muss der Vorgangstyp einem Projektschema oder einem eigenen Schema zugeordnet werden. Diese können im weiteren Verlauf im Projekt integriert werden.

Abb. 62: Bildschirmmaske – Vorgangstyp hinzufügen

Vorgangstypen einem Projekt zuweisen

Die Vorgangstypen, welche du erstellt hast, sind nicht direkt in deinem Projekt integriert. Daher musst du folgende Schritt durchführen, um diese deinem Projekt zuzuweisen.

Schritt 1

Gehe zum Menüpunkt **Vorgangstypenschemata**.

Schritt 2

Klicke auf ein vorhandenes Projektschema (Schritt 3a-b) oder erstelle ein neues Schema, um dieses für mehrere Projekte verwenden zu können (Schritt 2a-b). Falls du innerhalb eines Schemas einen Vorgangstypen hinzufügen möchtest, überspringe die Schritte 2a-b.

Schritt 2a

Klicke den Button **Vorgangstypschema erstellen** und füge dem Schema einen Namen hinzu.

Schritt 2b

Ziehe per Drag & Drop Vorgangstypen der Tabelle **Vorgangstypen für das aktuelle Schema** hinzu und klicke auf **Speichern**.

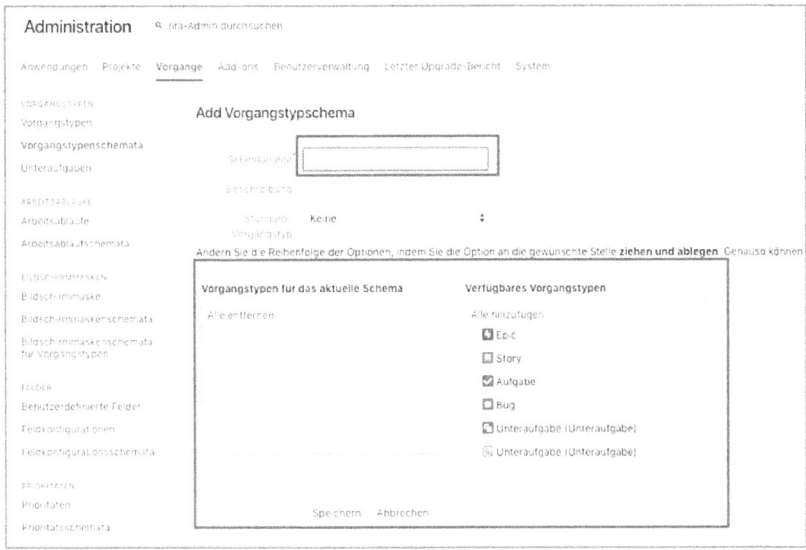

Abb. 63: Jira-Einstellungen – Vorgangstypschema

Schritt 3a

Wähle ein Projektschema aus und klicke **Bearbeiten**.

3 Jira individualisieren

Schritt 3b

Füge per Drag & Drop den vorher erstellten Vorgangstypen in die linke Tabelle **Vorgangstypen für das aktuelle Schema** ein und klicke auf **Speichern**.

Nun ist das Schema erstellt und muss einem Projekt zugewiesen werden. Dies funktioniert über zwei Wege:

▶ Indem du im Menüpunkt **Vorgangstypenschemata** ein Schema auswählst und auf **Zuweisen** klickst. Daraufhin kannst du ein Projekt oder mehrere zu diesem Schema hinzufügen.

▶ Gehe in die Projekteinstellungen, klicke auf **Vorgangstypen** und wähle den Button **Aktionen** aus. Anschließend wählst du ein anderes Schema aus deinem erstellten oder angepassten Schema aus und bestätigst du mit **OK**.

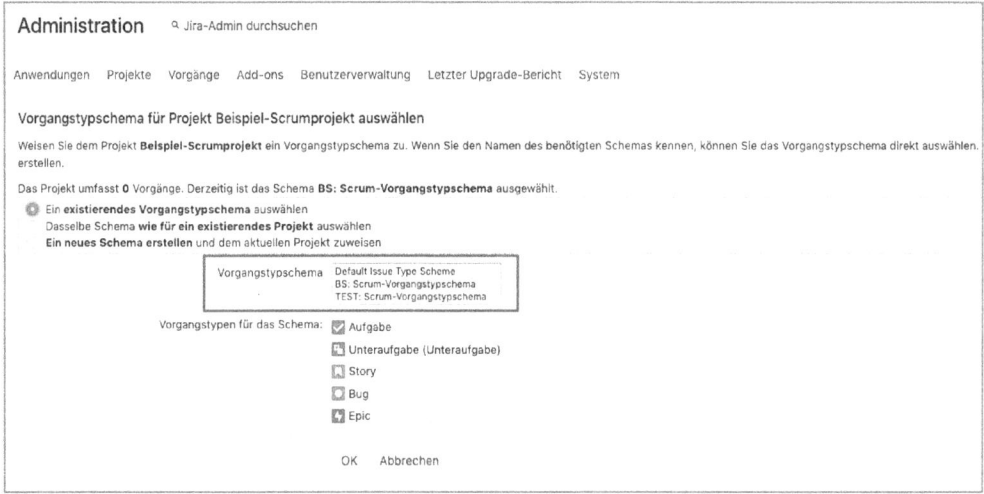

Abb. 64: Jira-Einstellungen – Vorgangstypschema für Projekt auswählen

3.6 Felder und Bildschirmmasken

Bildschirmmasken

Bildschirmmasken sind Oberflächen, die innerhalb von Jira wie zum Beispiel beim Erstellen eines Backlog Items als Pop-up-Fenster dargestellt werden. Auch wenn man auf Backlog Items klickt, wird eine Bildschirmmaske angezeigt. Diese können individuell eingestellt werden. Es gibt aber auch die Möglichkeit, Bildschirmmasken für bestimmte Aktionen zu erstellen.

Felder

Felder werden innerhalb der Bildschirmmasken angezeigt. Diese beinhalten die einzelnen Eigenschaften, welche einem Backlog Item hinzugefügt werden sollen. Beispielhafte Felder sind: Zusammenfassung, Schätzung oder Priorität. Diese Felder können individuell erstellt werden.

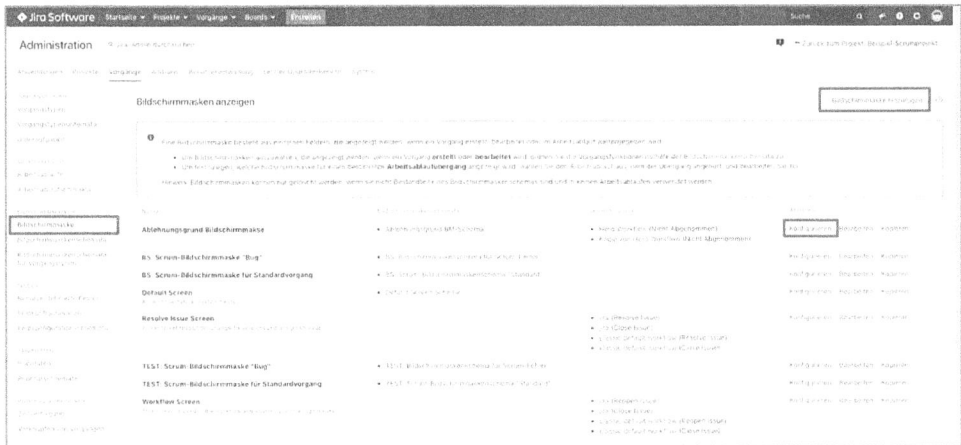

Abb. 65: Jira-Einstellungen – Bildschirmmasken

Bildschirmmaske erstellen

Schritt 1

Gehe zu Jira-Einstellungen → Vorgänge → Bildschirmmasken.

Schritt 2

Klicke den Button **Bildschirmmaske hinzufügen**.

Schritt 3

Konfiguriere deine Bildschirmmaske, indem du die Felder hinzufügst, die angezeigt werden sollen (Definiton of Done, Beschreibung, Story Points etc.).

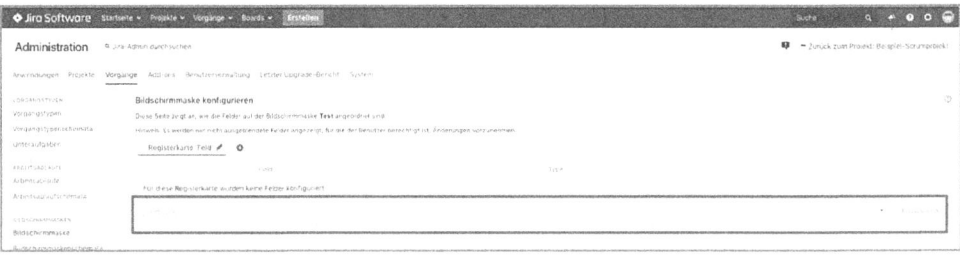

Abb. 66: Jira-Einstellungen – Bildschirmmaske konfigurieren

Im nächsten Schritt muss der Bildschirmmaske ein Bildschirmmaskenschema hinzugefügt werden.

Schritt 4

Wähle den Menüpunkt **Bildschirmmaskenschemata** aus und klicke den Button **Bildschirmmaskenschema hinzufügen,** wenn du ein neues Schema erstellen möchtest. Oder klicke auf **Konfigurieren**, um ein vorhandenes Schema zu bearbeiten.

3.6 Felder und Bildschirmmasken   103

Schritt 5

Wähle einen Namen für das Schema aus, falls du ein neues Schema erstellt hast, und wähle deine vorher erstellte Bildschirmmaske aus.

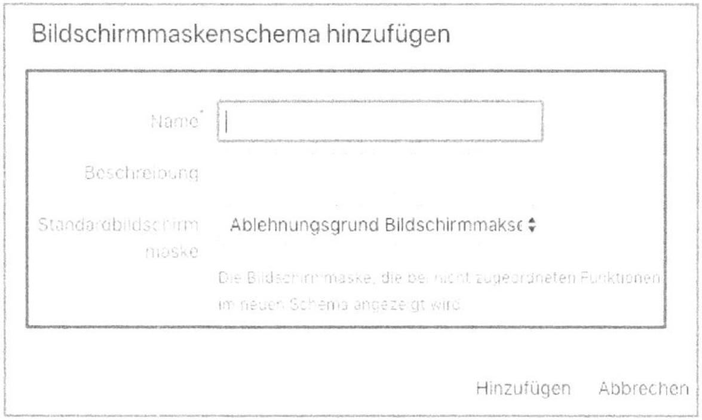

Abb. 67: Bildschirmmaske – Bildschirmmaskenschema hinzufügen

Bildschirmmaske für verschiedene Aktionen

In Jira können Bildschirmmasken auch verschiedenen Aktionen hinzugefügt werden. Standard-Einstellung ist, dass für alle Aktionen die gleiche Bildschirmmaske verwendet wird.

▶ Tipp: Belasse es bei der standardmäßigen Einstellung, um Komplexität aus deinem Projekt zu nehmen.

Wenn du dennoch Einstellungen treffen willst, hast du drei verschiedene Aktionen, welche mit einer individuellen Bildschirmmaske verknüpft werden können:

▶ **Vorgang erstellen:** Diese Maske wird angezeigt, wenn ein Vorgangstyp erstellt wird.

- **Vorgang bearbeiten:** Diese Maske wird angezeigt, wenn ein Vorgangstyp bearbeitet wird.
- **Vorgang anzeigen:** Diese Maske wird angezeigt, wenn ein Vorgangstyp angezeigt wird.

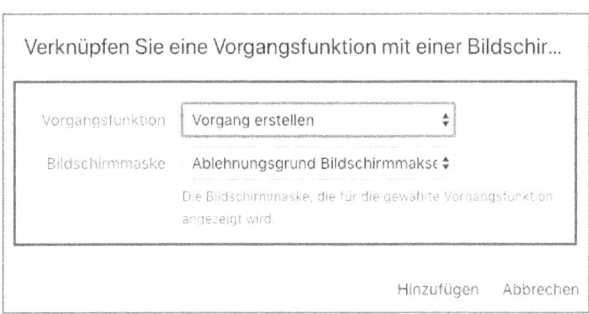

Abb. 68: Bildschirmmaske Verknüpfen einer Vorgangsfunktion

Schritt 1

Navigiere zu **Bildschirmaskenschemata**, wähle ein Schema aus und klicke auf **Konfigurieren**.

Schritt 2

Klicke auf **Verknüpfen Sie eine Vorgangsfunktion mit einer Bildschirmmasken** am oberen rechten Rand und wähle eine Bildschirmmaske und Vorgangsfunktion aus.

Dies wird im Schema gespeichert und je nach Integration im Projekt angewandt.

Bildschirmmaske einem Vorgangstyp zuweisen

Schritt 1

Wähle den Menüpunkt **Bildschirmmaskenschema für Vorgangstypen** aus.

Bearbeite ein bestehendes Schema oder erstelle ein neues Schema unter dem Punkt **Bildschirmmaskenschemata für Vorgangstyp hinzufügen.**

Nachdem das Schema erstellt ist, gibt es die Möglichkeit entweder eine Bildschirmmaske allen Vorgangstypen hinzuzufügen, indem du eine Bildschirmmaske dem Vorgangstyp „Standard" hinzufügst. (Schritt 2 & 3)

Schritt 2

Klicke auf **Konfigurieren** unter Aktionen bei einem bestehenden Schema.

Schritt 3

Klicke auf **Bearbeiten** bei dem Vorgangstyp Standard und füge ein Bildschirmmaskenschema hinzu

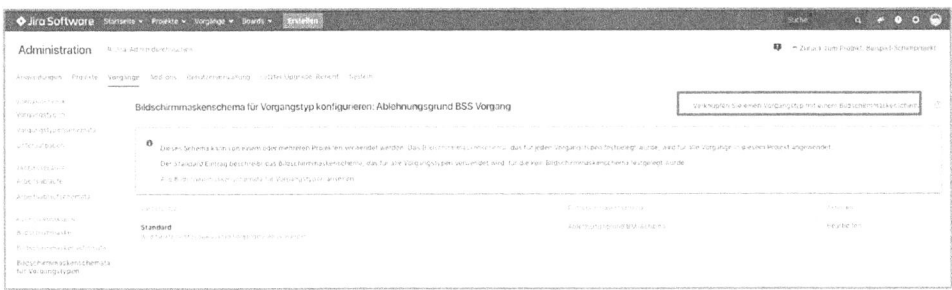

Abb. 69: Jira-Einstellungen – Bildschirmmaskenschema für Vorgangstyp

Zusätzlich gibt Jira auch die Möglichkeit, für verschiedene Vorgangstypen verschiedene Bildschirmmasken hinzuzufügen. Dies ist von Vorteil, wenn verschiedene Backlog Items verschiedene Eigenschaften aufweisen soll. Hier können wir zum Beispiel zwischen einer User Story und einem Epic unterscheiden, da Eigenschaften wie eine „Definition of Done" bei Epics unter Umständen nicht relevant sind. Dazu verknüpfen wir zwei verschiedene Bildschirmmasken mit diesem Vorgangstyp, um diese bestimmten Eigenschaften nicht als Eingabefeld anzeigen zu lassen. Dies machen wir am Beispiel des Erstellens eines neuen Schemas (Schritt 4 & 5).

Schritt 4

Klicke den Button **Bildschirmmaskenschema eines Vorgangstyps hinzufügen**.

Schritt 5

Wähle einen Namen für das Schema aus und wähle dein vorher erstelltes Bildschirmmaskenschema aus.

Schritt 6

Klicke nun auf **Verknüpfe einen Vorgangstyp** mit einem Bildschirmmaskenschema und wähle einen Vorgangtyp und eine Bildschirmmaske aus.

▶ Hinweis: Benutze dieselben Namen, damit du Bildschirmmaske und Schema zuordnen kannst.

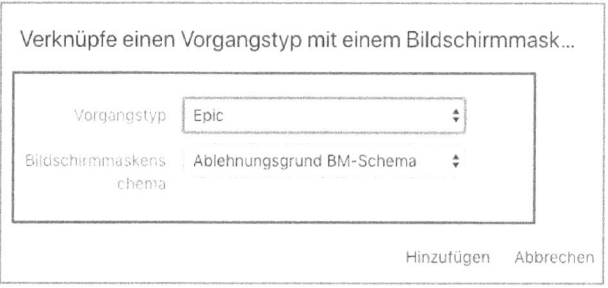

Abb. 70: Bildschirmmaske – Verknüpfen eines Vorgangstyp

3.6 Felder und Bildschirmmasken 107

Bildschirmmaske im Projekt integrieren

Die Bildschirmmasken, die du erstellt hast, sind nicht direkt in deinem Projekt integriert, es sei denn, du hast eine schon integrierte Bildschirmmaske bearbeitet. Daher müssen neu erstellte Bildschirmmasken deinem Projekt hinzugefügt werden. Entweder hast du bereits dem Projekt ein konfiguriertes Feld hinzugefügt, oder wir haben eine Standardbildschirmmaske und wollen diese nun in unser Projekt integrieren.

Schritt 1

Gehe zu Projekteinstellungen → Bildschirmmaske.

Schritt 2

Wähle **Aktionen** und den Menüpunkt **Anderes Schema auswählen,** wenn du ein neues Schema integrieren möchtest. Oder klicke auf **Bildschirmmasken bearbeiten**, um deine schon bereits integrierte Bildschirmmaske anzupassen.

Schritt 3

Wähle nun dein erstelltes Bildschirmmaskenschema eines Vorgangstyps aus und klicke auf **Zuweisen**.

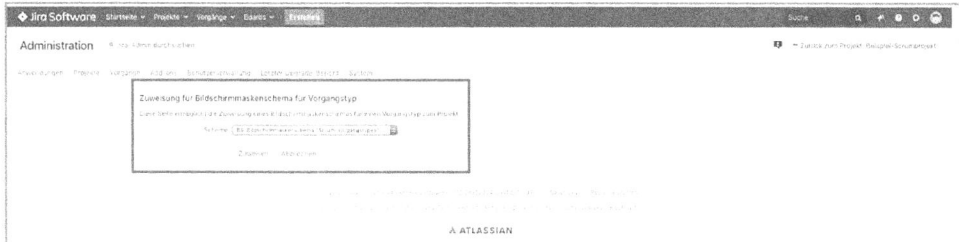

Abb. 71: Jira-Einstellungen – Zuweisen einer Bildschirmmaske

▶ Danach ist eine neue Bildschirmmaske mit den benutzerdefinierten Feldern deinem Projekt hinzugefügt worden. Dies siehst du unter anderem, wenn du ein neues Backlog Item erstellst.

Benutzerdefiniertes Feld erstellen und in Projekt integrieren

Beim Erstellen von Backlog Items können diesen verschiedenen Eigenschaften hinzugefügt werden, wie eine Zusammenfassung, ein Autor, eine Priorität oder eine Schätzung. Diese sind zwar standardmäßig vorgegeben, können jedoch individuell angepasst werden. Hier kann zum Beispiel eine „Definition of Done" erstellt werden, welches kein Standardfeld ist.

Schritt 1

Jira-Einstellung öffnen und den Menüpunkt **Vorgänge** auswählen. Von dort navigiere zu **Benutzerdefinierte Felder**.

Schritt 2

Klicke auf den Button **Benutzerdefiniertes Feld hinzufügen**.

Schritt 3

Wähle den Feldtyp aus wie in unserem Beispiel „Textfeld (mehrzeilig)", je nachdem, welche Art von Feld du hinzufügen möchtest. Im Falle der „Definition of Done" benötigen wir daher das mehrzeilige Textfeld.

Schritt 4

Füge einen Namen hinzu und klicke **Erstellen**.

Schritt 5

Weise das Feld einer Bildschirmmaske eines Projektes oder einer allgemeinen Bildschirmmaske zu.

- Wenn du nun die Felder in dein Projekt integrieren möchtest, erreichst du dies, indem du entweder deine konfigurierten Felder in die Bildschirmmaske des jeweiligen Projektes integrierst, oder du integrierst die Bildschirmmaske, welche mit deinem neuen Feld verknüpft ist, innerhalb deines Projektes.

Abb. 72: Jira-Einstellungen – Benutzerdefinierte Felder

3 Jira individualisieren

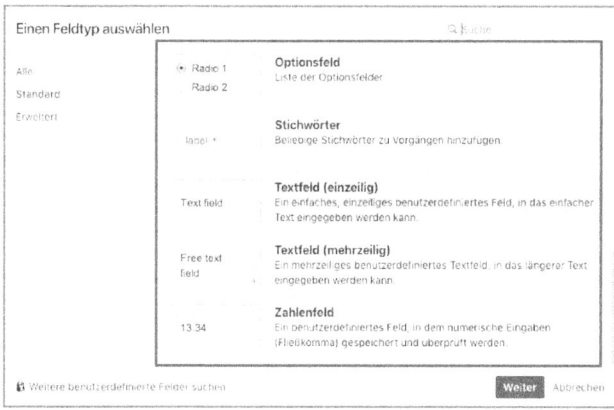

Abb. 73: Bildschirmmaske – Feldtyp auswählen

Feld zu einem Pflichtfeld machen

Häufig ist es notwendig, ein Feld zu einem Pflichtfeld zu machen, da man ohne diese Informationen nicht arbeiten kann. Hier haben wir zum Beispiel die Zusammenfassung, also Beschreibung eines Backlog Items, als Pflichtfeld, da ohne eine Beschreibung ein Backlog Item nicht umgesetzt werden kann.

Schritt 1

Navigiere zu Jira-Einstellungen ➔ Vorgänge ➔ Feldkonfiguration

Schritt 2

Erstelle eine eigene Feldkonfiguration oder bearbeite die Standardkonfiguration, indem du auf **Konfigurieren** klickst.

Schritt 3

Klicke auf **Erforderlich** bei dem ausgewählten Feld.

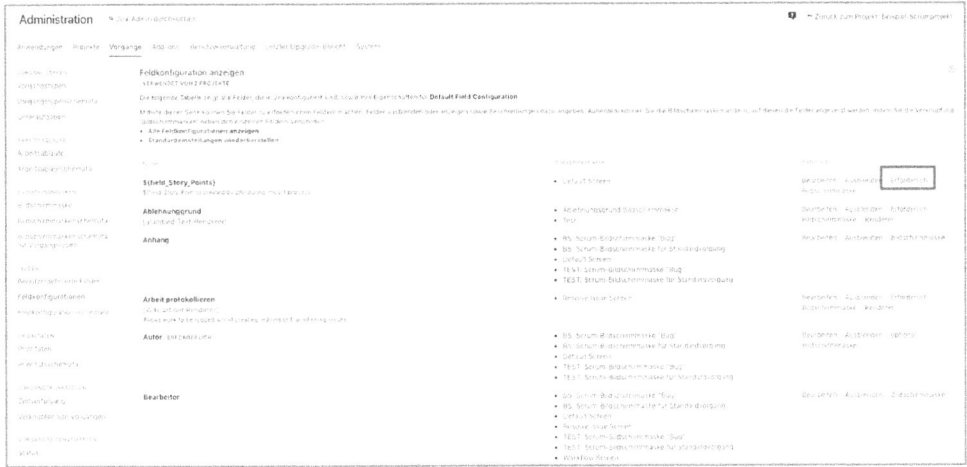

Abb. 74: Jira-Einstellungen – Feldkonfiguration

Ebenfalls können dem Feld auch Bildschirmmasken hinzugefügt werden: Dies behandeln wir im nächsten Kapitel.

3.7 Arbeitsablauf erstellen

Dein Projekt enthält verschiedene Backlog Items, die vom Team bearbeitet werden können, und in diesem Zug einen bestimmten Arbeitsablauf durchlaufen – von der Erstellung bis hin zur Fertigstellung. Diesen Ablauf nennt man in Jira **Arbeitsablauf** oder in der englischen Version **Workflow**. Jeder Arbeitsablauf beinhaltet einen unterschiedlichen **Status**, welcher ein Backlog Item einnehmen kann. Außerdem existieren bestimmte **Übergänge** zwischen den jeweiligen Status. Hierzu muss es ein Backlog Item geben, um von einem Status in einen anderen zu kommen – bis zur Fertigstellung des Backlog Items. Status und Übergänge bilden zusammen einen

Arbeitsablauf. Diese Arbeitsabläufe können individuell für jedes Projekt angepasst werden.

Abb. 75: Workflow

Um einen neuen Arbeitsablauf zu erstellen, navigiere über die **Jira-Einstellungen** über **Vorgänge** zu **Arbeitsabläufe**. Hier werden dir sämtliche Arbeitsabläufe angezeigt, und du hast die Möglichkeit, diese zu kopieren, zu bearbeiten oder einen neuen Arbeitsablauf zu erstellen.

Zusätzlich bietet Jira die Möglichkeit, Arbeitsabläufe aus dem Marktplatz zu importieren, wo bereits voreingestellte Arbeitsabläufe von anderen Benutzern hochgeladen wurden.

Arbeitsablauf erstellen und anpassen

Schritt 1

Klicke **Arbeitsablauf hinzufügen** oder auf **Bearbeiten**.

Schritt 2

Gib dem Arbeitsablauf einen Namen und eine Beschreibung, wenn du einen neuen Arbeitsablauf erstellen möchtest.

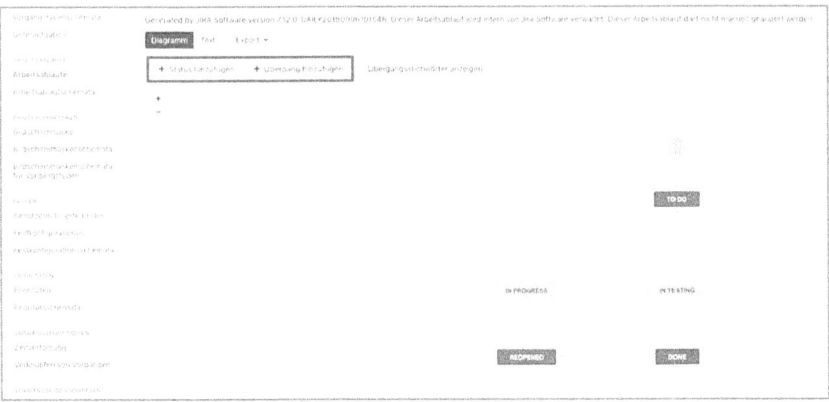

Abb. 76: Jira-Einstellungen – Arbeitsablauf

Nun befindest du dich in der Diagrammansicht. Dort wird dir der aktuelle Arbeitsablauf angezeigt. Wenn du einen neuen Arbeitsablauf erstellt hast, wird dir lediglich der Status „Open" angezeigt. Dieser Status bildet alle Backlog Items ab, welche erstellt worden sind, da diese direkt in den Status „Open" übergehen. Wenn du bereits ein Projekt hast, wird dir der jeweilige Projektstatus, welcher voreingestellt ist, angezeigt. Diese verschiedenen Statusanzeigen bilden deinen Arbeitsablauf ab. Dieser könnte von einer offenen Aufgabe über einer laufenden Aufgabe bis zur abgeschlossenen Arbeit abgebildet werden. Du hast die Möglichkeit, viele Statusmöglichkeiten zu erstellen und diese deinem Arbeitsablauf hinzuzufügen. Im späteren Verlauf kannst du dann diese mit einer Spalte aus deinem Sprint Backlog verbinden. Und wenn du ein Backlog Item in eine andere Spalte verschiebst, ändert sich automatisch der Status.

Status hinzufügen

Wie du einen Status erstellst, hast du bereits gelernt. Jetzt schauen wir uns an, wie du diesen in einen Arbeitsablauf integrierst:

Schritt 1

Navigiere zu Jira-Einstellungen ➔ Vorgänge ➔ Status

Schritt 2

Klicke **Status hinzufügen** und vergib einen Namen.

Schritt 3

Füge dem Status eine Kategorie hinzu (Aufgaben, In Arbeit oder Fertig) und klicke auf **Hinzufügen.**

Kategorien unterstützten dich dabei, zu identifizieren, wo im Lebenszyklus sich ein Vorgang befindet. Vorgänge gehen von „Aufgaben" nach „In Arbeit", wenn die Arbeit an ihnen begonnen wird und wechseln später nach „Fertig", wenn alle Arbeiten abgeschlossen sind.

> ▶ Hinweis: Ebenfalls können die Einstellungen mit Klicken auf einen einzelnen Status verändert werden.

Abb. 77: Jira-Einstellungen – Status hinzufügen

Status in Arbeitsablauf integrieren

Um einen Status in einen Arbeitsablauf zu integrieren, navigiere zu den Einstellungen der **Arbeitsabläufe** und klicke auf **Bearbeiten**.

Schritt 1

Klicke auf **Status hinzufügen,** wähle deinen erstellten Status aus und klicke auf **Hinzufügen**.

Nun wird dir der Status im Diagramm angezeigt. Wenn du dieses bearbeiten möchtest, klicke auf den Status und auf der rechten Seite **Bearbeiten.**

Der Status ist noch nicht in deinen Arbeitsablauf integriert, daher müssen nun Übergange zwischen den jeweiligen Status erstellt werden oder eine Einstellung getroffen werden, dass ein Status in jeden anderen Status übergehen darf. Dies erledigst du ebenfalls mit Klicken auf den Status und über das Bestätigen der **Checkbox** mit dem Button **Bearbeiten**.

Übergänge erstellen

Schritt 1

Klicke **Übergänge hinzufügen** oder ziehe eine Linie von dem Status im Diagramm auf einen anderen Status, indem du über einen Status mit der Maus gehst.

Schritt 2

Gib an, von welchem Status zu welchem Status der Übergang gehen soll und füge eine Beschreibung hinzu.

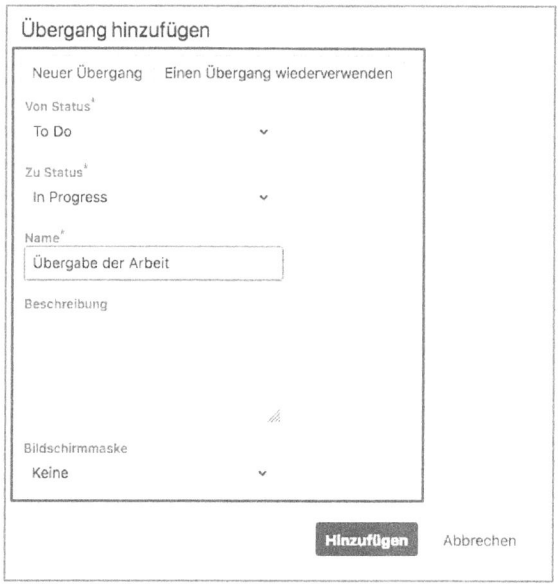

Abb. 78: Bildschirmmaske – Übergang hinzufügen

Schritt 3

Klicke auf **Hinzufügen**.

Du hast ebenfalls die Möglichkeit, hier Bildschirmmasken hinzuzufügen, welche geöffnet werden, wenn du von einem Status in einen anderen übergehst.

Übergänge bearbeiten

Wenn ein Backlog Item in einen anderen Status übergeht, bietet Jira die Möglichkeit, eine Bildschirmmaske erscheinen zu lassen. Um den Übergängen verschiedene Bedingungen, Trigger oder Bestätigungsrestriktionen hinzufügen, kannst du innerhalb der Arbeitsablauf-Einstellungen entscheiden:

Schritt 1

Navigiere zu Jira-Einstellungen → Vorgänge → Arbeitsabläufe.

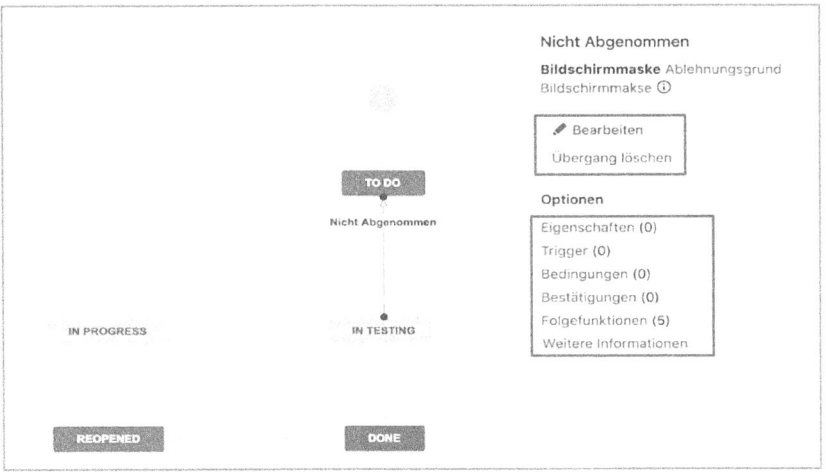

Abb. 79: Arbeitsablauf – Übergang bearbeiten

3 Jira individualisieren

Schritt 2

Klicke auf den Arbeitsablauf, den du bearbeiten möchtest.

Schritt 3

Wähle einen Übergang aus und klicke auf **Bearbeiten**. Dort hast du die Möglichkeit, eine Bildschirmmaske hinzuzufügen.

Hier kann eine vorher angelegt Bildschirmmaske erscheinen, wenn man von einem Status in einen anderen Status übergeht. Diese kann eine Begründung enthalten, warum man den Status gewechselt hat, welche für die Dokumentation wichtig sein kann.

Wenn dieses Feld zu einem Pflichtfeld werden soll, müssen so genannte Bestätigungen hinzugefügt werden. Ebenso hat man die Möglichkeit, Bedingungen hinzuzufügen, welche das Backlog Item erfüllen muss, um in den Status überzugehen. Auch kann ein Trigger hinzugefügt werden, der ein Ereignis, das einen automatischen Übergang für einen Jira-Vorgang einleitet. Ausgenommen davon sind Bestätigungen und Bedingungen.

Abb. 80: Übergang bearbeiten – Bestätigung hinzufügen

3.7 Arbeitsablauf erstellen

▶ Hinweis: Jira-Server bietet dir die Möglichkeit eines Pflichtfeldes innerhalb der Übergänge des Arbeitsablaufes nicht. Dieser Featur-Wunsch existiert zwar bereits, wurde aber noch nicht umgesetzt. Ebenso gibt es verschiedene andere Einstellungsmöglichkeiten nur in der Cloud-Version, deshalb musst du, um diese Einstellung zu erlangen, aus dem Marketplace Add-Ons installieren, was meist mit weiteren Kosten verbunden ist.

Ein Beispiel hierfür ist:

▶ Arbeitsablauf Essentials for Jira

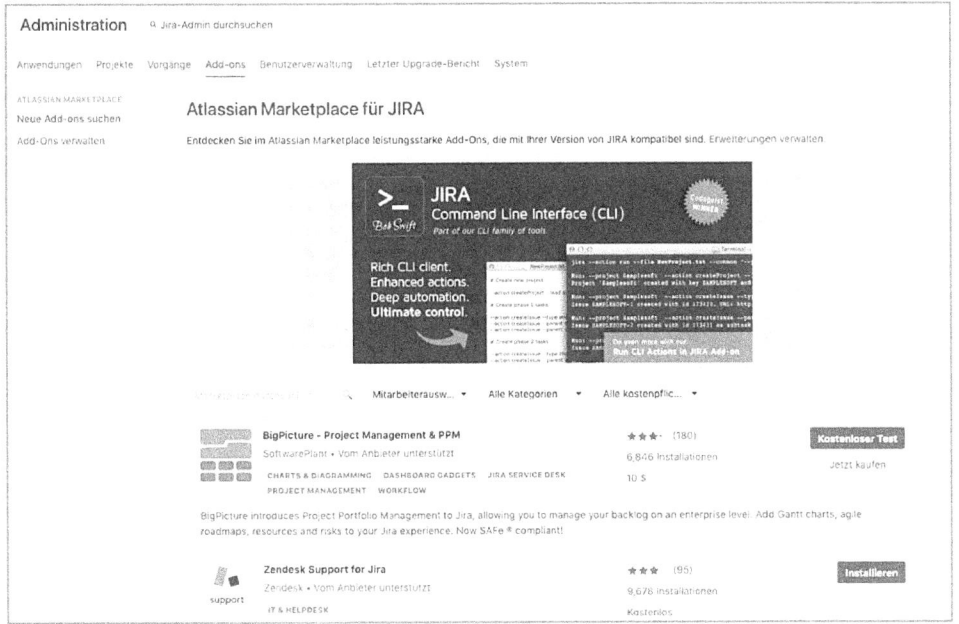

Abb. 81: Atlassian Marketplace

Der **Atlassian Marketplace** bietet dir viele verschiedene Möglichkeiten, Add-Ons auf deiner Website zu installieren. Hier können unter anderem Add-Ons installiert werden, um Timetracking durchzuführen oder verschiedene weitere Einstellungsmöglichkeiten für deine Jira-Einstellungen zu treffen.

- In der Cloud-Version hast du die Möglichkeit der Erstellung eines Pflichtfeldes. Folge dazu einfach den Schritten:

Schritt 1

Klicke auf Bestätigungen und auf Bestätigung hinzufügen

Schritt 2

Wähle nun eine Bestätigung aus. In unserem Beispiel eine Pflichtfeldbestätigung.

Schritt 3

Füge ein benutzerdefiniertes Feld, welches du vorher erstellt hast, hinzu.

Schritt 4

Füge eine Error Message hinzu und klicke auf Aktualisieren.

- Falls du eine Bedingung erstellst, machst du dies ebenso wie Bestätigungen; der einzige Unterschied ist, dass eine Bedingung hinzugefügt werden muss, wie z.B. != Wert (darf nicht bestimmten Wert annehmen).

Der Arbeitsablauf, den du erstellt hast, ist nicht direkt in deinem Projekt integriert. Es sei denn, du hast bereits einen integrierten Arbeitsablauf bearbeitet. Daher müssen neu erstellte Arbeitsabläufe zu deinem Projekt hinzugefügt werden:

Schritt 1

Zunächst musst du im Menüpunkt **Arbeitsablaufschemata** ein neues **Arbeitsablaufschema hinzufügen** und diesem einen Namen und eine Beschreibung zuweisen. Alternativ klickst du auf **Bearbeiten**, um ein bestehendes Schema zu bearbeiten.

▶ Du hast die Möglichkeit, für verschiedene Vorgangstypen verschiedene Arbeitsabläufe anzuwenden. Dies machst du über ein Arbeitsablaufschema. Dort kannst du festlegen, welcher Vorgangstyp mit welchem Arbeitsablauf verknüpft ist. Dieses Schema kann mehrere Arbeitsabläufe beinhalten, welche für verschiedene Vorgangstypen verwendet werden können.

Nachdem du dieses erstellt hast, öffnet sich das erstellte oder bestehende Schema.

Schritt 2

Klicke auf **Arbeitsablauf hinzufügen** und wähle einen vorhandenen oder angepassten Arbeitsablauf aus.

Abb. 83: Bildschirmmaske – Vorhandenen Arbeitsablauf hinzufügen

Schritt 3

Wähle nun alle Vorgangstypen aus, welche in diesem Arbeitsablauf verwendet werden sollen.

Wenn du nun einen anderen Arbeitsablauf für einen anderen Vorgangstyp einstellen möchtest, wiederholst du diese Schritte, wählst einen anderen Arbeitsablauf aus und stellst die Vorgangstypen ein, welche mit diesem Arbeitsablauf integriert werden sollen.

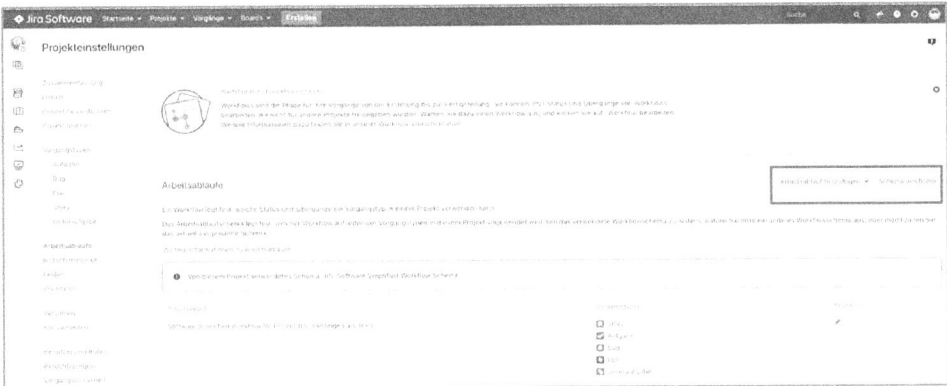

Abb. 84: Projekteinstellungen – Arbeitsabläufe

Nun hast du einen oder mehrere Arbeitsabläufe mit deinem Schema verknüpft. Falls dieses Schema bereits in einem Projekt integriert ist, musst du mit Klicken auf **Veröffentlichen** in den Arbeitsablaufschemata-Einstellungen die Einstellungen für dein Projekt aktualisieren. Schließlich ist es denkbar, dass neue Status dazugekommen sind und diese nun neu im Projekt verwendet werden sollen. Wähle dazu aus, welcher alte Status durch den neuen Status ersetzt werden soll, und klicke auf **Zuweisen** und danach auf **Aktualisieren**.

Wenn du ein neues Schema oder einen neuen Arbeitsablauf erstellt hast, musst du dieses oder diesen noch innerhalb eines Projektes integrieren. Gehe dazu auf dein **Projekt-Einstellungen** und auf das Kapitel **Arbeitsabläufe**.

Schritt 4

Klicke nun auf **Arbeitsablauf hinzufügen** und wähle den Arbeitsablauf aus, den du erstellt oder angepasst hast. Oder klicke auf **Schema wechseln**, wenn du mehrere Arbeitsabläufe auf verschiedene Vorgangstypen anwenden möchtest. Weise danach diese deinem Projekt zu.

Schritt 5

Nun musst du diesen veröffentlichen. Dies kannst du am oberen Bildschirmrand vornehmen.

Schritt 6

Als nächstes musst du die Vorgänge mittels folgender Schritte in den neuen Arbeitsablauf migrieren:

▶ Der aktuelle Status aller Vorgänge muss geändert werden, wie oben beschrieben, damit die Vorgänge mit den neuen Arbeitsabläufen kompatibel sind. Klicke hierzu auf **Zuweisen.**

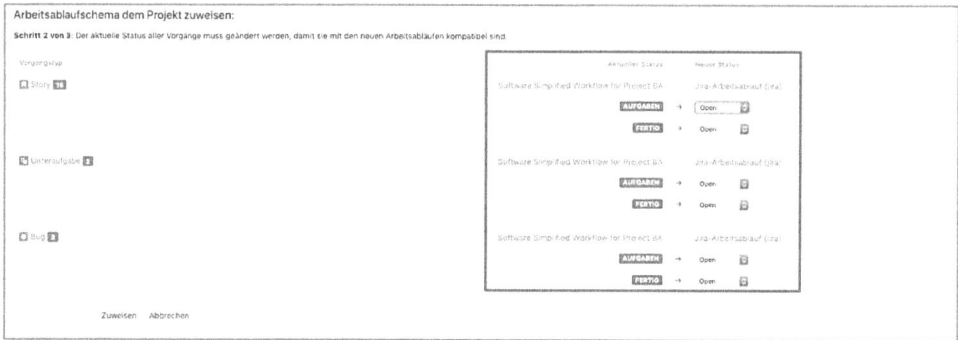

Abb. 85: Jira-Einstellungen – Arbeitsablauf integrieren

- Vorgänge in die neuen Arbeitsabläufe werden migriert, indem du auf **Aktualisieren** und **Bestätigen** klickst.

Somit hast du deinen neuen oder angepassten Arbeitsablauf in dein Projekt integriert. Du kannst den alten Arbeitsablauf löschen oder beibehalten.

- Hinweis: Benenne deine Arbeitsabläufe so, dass du zu jeder Zeit weißt, um welchen es sich handelt.

3.8 Berechtigungen

Mithilfe von Berechtigungen kannst du exakt zuweisen, welche Person welche Aktionen durchführen darf. Dazu hast du viele verschiedene Einstellungsmöglichkeiten, um deine Berechtigungen zu individualisieren.

Es gibt Berechtigungen auf zwei Ebenen:

- Die Globalen Berechtigungen, welche projektübergreifend gelten.
- Berechtigungen, welche projektspezifisch eingestellt werden können – mit Hilfe von Berechtigungsschemata.

Gruppen zu Globalen Berechtigungen hinzufügen

Um Globale Berechtigungen zu vergeben, müssen zunächst Gruppen erstellt werden. Danach können diese den Berechtigungen zugewiesen werden:

Schritt 1

Navigiere zu Jira-Einstellungen → System → Globale Einstellungen.

Schritt 2

Füge Berechtigungen hinzu, indem du an das Ende der Seite zu **Berechtigung hin-**

zufügen scrollst. Wähle nun die Berechtigungstypen und die jeweilige Gruppe aus und klicke auf **Hinzufügen**.

Wenn du nun eine Gruppe von einer Berechtigung entfernen möchtest, gehst du wie folgt vor.

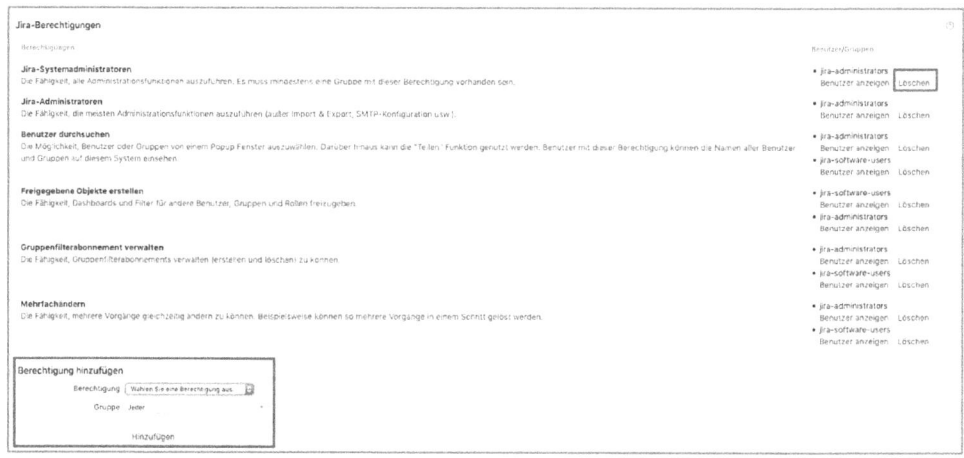

Abb. 86: Jira-Einstellungen – Globale Berechtigungen

Gruppen aus Globalen Berechtigungen löschen

Schritt 1

Navigiere zu Jira-Einstellungen ➜ System ➜ Globale Einstellungen.

Schritt 2

Wähle eine Berechtigung und die jeweilige Gruppe aus, welche gelöscht werden soll.

3.8 Berechtigungen

Schritt 3

Klicke neben der Gruppe auf **Löschen** und bestätige dies.

Berechtigungsschemata erstellen

Wenn du für bestimmte Projekte Berechtigungen erstellen möchtest, bietet dir Jira die Möglichkeit, alle Berechtigungen individuell einzustellen und in dein Projekt zu integrieren:

Schritt 1

Navigiere zu Jira-Einstellungen → Vorgänge → Berechtigungsschemata.

Schritt 2

Klicke auf den Button **Berechtigungsschema hinzufügen**.

Abb. 87: Jira-Einstellungen – Berechtigungsschema

Schritt 3

Füge dem Berechtigungsschema einen Namen und eine Beschreibung hinzu.

Ab diesem Schritt kannst du ebenso wie die voreingestellten Schemata dein individuelles Schema über die Aktion **Berechtigungen** bearbeiten.

Berechtigungsschemata bearbeiten

Schritt 1

Navigiere zu Jira-Einstellungen → Vorgänge → Berechtigungsschemata.

Hier sind zwei verschiedene Schemata voreingestellt:

- Default permission scheme: betriff alle nicht agilen Projekte
- Default software scheme: betrifft alle agilen Projekte (Scrum und Kanban)

Schritt 2

Klicke neben einem Schema auf **Berechtigungen**, um die Berechtigungen zu bearbeiten.

Schritt 3

Wähle eine Berechtigung aus, welche du bearbeiten möchtest, und klicke auf **Bearbeiten**.

Schritt 4

Wähle aus, für wen eine Berechtigung erteilt werden soll, und klicke auf **Gewähren**.

- Hinweis: Arbeite hier am besten mithilfe von Gruppen, um eine bessere Übersicht zu haben.

3.8 Berechtigungen

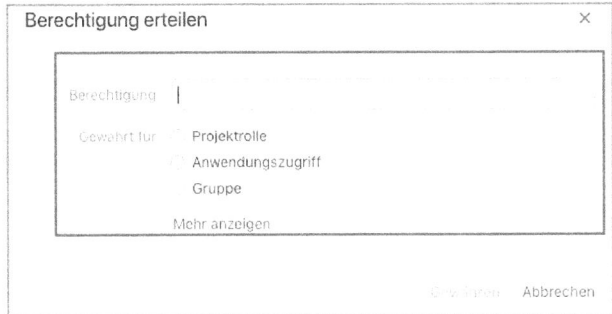

Abb. 88: Bildschirmmaske – Berechtigung erteilen

Berechtigungen in Berechtigungsschemata löschen

Schritt 1

Wähle eine Berechtigung aus, welche du bearbeiten möchtest und klicke auf **Löschen**.

Schritt 2

Wähle aus, welche Gruppe von der Berechtigung ausgeschlossen werden soll, und klicke auf **Entfernen**.

Berechtigungsschemata in ein Projekt integrieren

Schritt 1

Navigiere zu Projekteinstellungen → Berechtigungen.

Schritt 2

Klicke auf den Button **Aktionen** und wähle **Anderes Schema auswählen** aus.

Schritt 3

Wähle dein Schema aus und klicke auf **Zuweisen**.

Abb. 89: Projekteinstellungen – Berechtigungen

3.9 Benachrichtigungen

Ebenso wie Berechtigungen können auch die Benachrichtigungen angepasst werden. Dies wird ebenfalls über die Jira-Einstellungen vorgenommen. Hierbei geht es darum, wer bei welcher Aktion informiert wird. Da Jira dazu neigt, viele Mails zu versenden, empfehle ich eine Weiterleitung von Jira-Nachrichten in einen Ordner deines Mail-Programm einzustellen, da dein Postfach sonst schnell voll sein kann.

3.9 Benachrichtigungen 131

Benachrichtigungsschemata erstellen

Schritt 1

Navigiere zu Jira-Einstellungen → Vorgänge → Benachrichtigungsschemata.

Schritt 2

Klicke auf den Button **Benachrichtigungsschema hinzufügen**.

Schritt 3

Füge dem Benachrichtigungsschema einen Namen und eine Beschreibung hinzu.

Ab diesem Schritt kannst du ebenso wie die voreingestellten Schemata dein individuelles Schema über die Aktion **Benachrichtigung** bearbeiten.

Abb. 90: Jira-Einstellungen – Benachrichtigungsschemata

Benachrichtigungsschemata bearbeiten

Schritt 1

Navigiere zu Jira-Einstellungen ➔ Vorgänge ➔ Benachrichtigungsschemata.

Schritt 2

Klicke neben einem Schema auf **Benachrichtigung**, um die Berechtigungen zu bearbeiten.

Schritt 3

Wähle eine Benachrichtigung aus, welche du bearbeiten möchtest und klicke auf **Hinzufügen**.

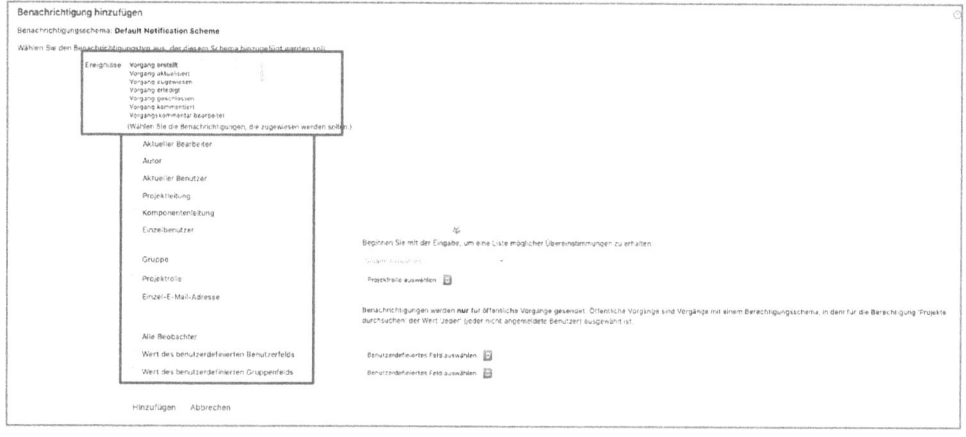

Abb. 91: Jira-Einstellungen – Benachrichtigung hinzufügen

Schritt 4

Wähle Ereignis und Person aus, für wen eine Benachrichtigung erteilt werden soll. Klicke danach auf **Hinzufügen**.

▶ Hinweis: Arbeite hier am besten mithilfe von Gruppen, um eine bessere Übersicht zu haben.

Benachrichtigung in Benachrichtigungsschemata löschen

Schritt 1

Wähle eine Benachrichtigung in deinem Benachrichtigungsschema aus, welche du bearbeiten willst. Klicke danach neben der Gruppe oder Person, deren Benachrichtigungen du löschen willst, auf **Löschen** und bestätige dies.

Benachrichtigungsschemata in ein Projekt integrieren

Schritt 1

Navigiere zu Projekteinstellungen → Benachrichtigung.

Schritt 2

Klicke auf den Button **Aktionen** und wähle **Anderes Schema auswählen** aus.

Schritt 3

Wähle dein Schema aus und klicke auf **Zuweisen**.

3 Jira individualisieren

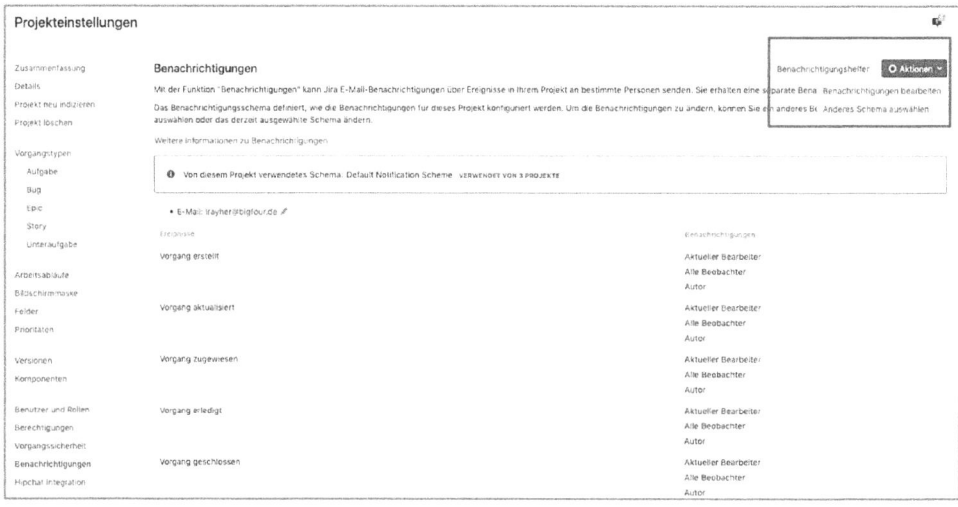

Abb. 92: Projekteinstellungen – Benachrichtigungen

4 Ergänzende Tools

4.1 Jira Confluence

Jira Confluence ist ein Tool, um die Zusammenarbeit im Team zu organisieren. Dies beinhaltet Teamdokumentationen, Wissensaustausch und viele weitere Vorgänge, welche deine Projekte optimieren können. Mit Confluence kannst du Besprechungsnotizen, Projektpläne, Produktanforderungen und vieles mehr erstellen. Zusätzlich sind in Jira-Confluence Best Practice-Vorlagen enthalten.

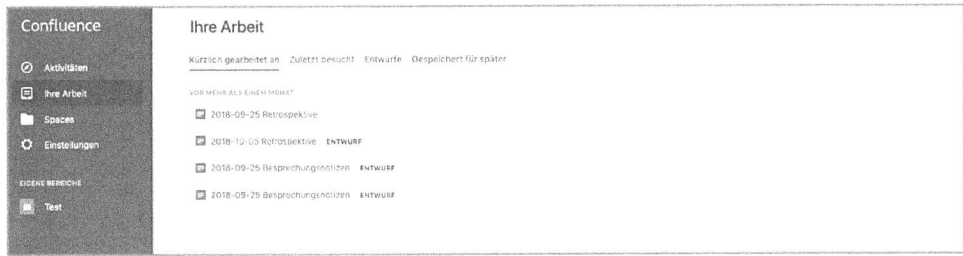

Abb. 93: Jira Confluence

Anwendung:

- Erfassen von Minutes für Sprint Planning
- Erstellung von Retrospektiv-Reports
- Wissensdatenbank & Wissensmanagement
- Dokumentenverwaltung
- Verknüpfen von Dokumenten zu verschiedenen Vorgängen.

Confluence-Seite erstellen

Innerhalb von Confluence hast du die Möglichkeit, verschiedene Dokumente zu erstellen. Dies nimmst du ebenfalls über den Erstellen-Button auf deiner Confluence-Seite vor. Dann werden dir verschiedene Dokumentenvorlagen vorgeschlagen. Aus diesen kannst du dann diejenige auswählen, die für dich relevant ist. Die Vorlage kann bearbeitet werden.

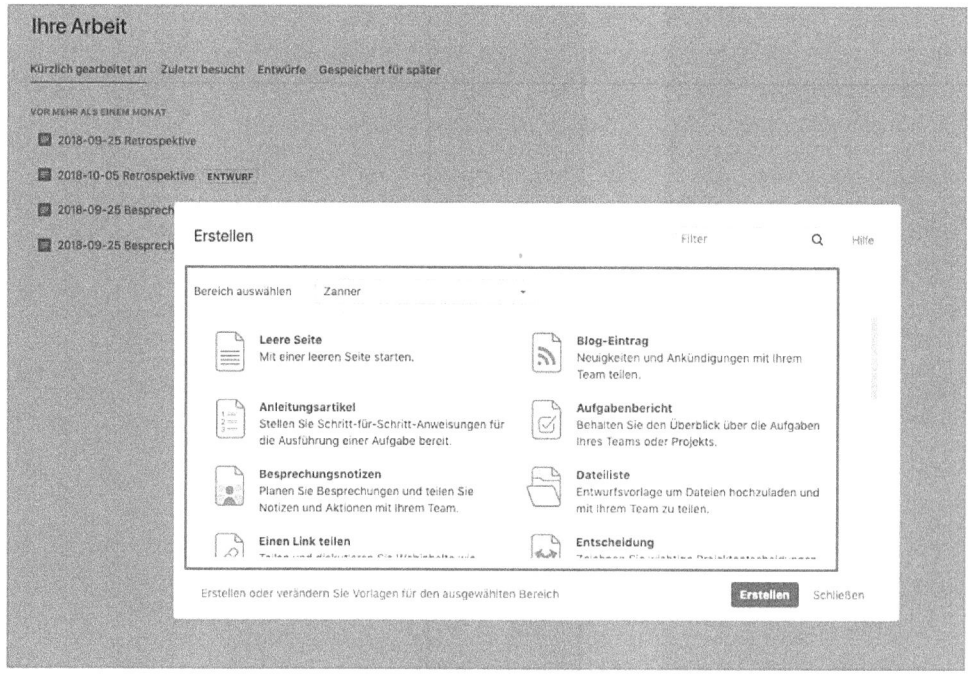

Abb. 93: Jira Confluence (2)

Die erstellten Seiten kann du anschließend mit einem Backlog Item verlinken, indem du auf das entsprechende Backlog Items und auf das Confluence-Seiten-Symbol klickst. Danach verlinkst du die jeweilige Confluence Page, welche du vorher erstellt hast.

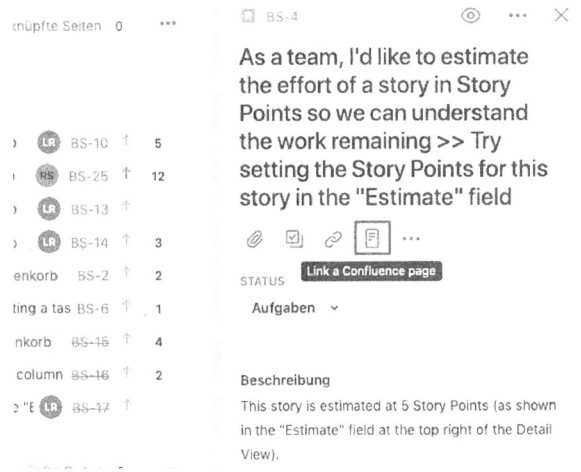

Abb. 94: Scrum Board – Backlog Item zu Confluence-Seite hinzufügen

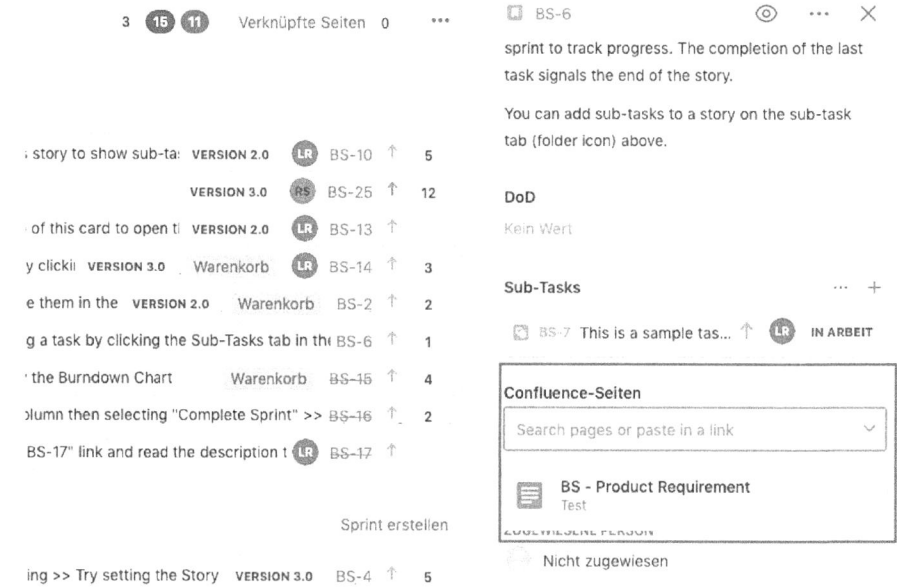

Abb. 95: Scrum Board – Backlog Item zu Confluence-Seite hinzufügen (2)

Confluence-Seiten aus Epic erstellen

In Jira hast du die Möglichkeit, innerhalb des Epic Panel auf deinem Scrum Board eine Confluence-Seite zu erstellen. Das bedeutet, dass du zum Beispiel eine Produktanforderung oder einen Konzeptplan in Form eines Dokumentes direkt mit einem Epic verknüpfen kannst. Navigiere dazu über das Epic Panel zum Button **Verknüpfte Seiten** und wähle danach, ob du eine vorhandene Seite verknüpfen möchtest oder eine neue Seite erstellen möchtest.

4.1 Jira Confluence 139

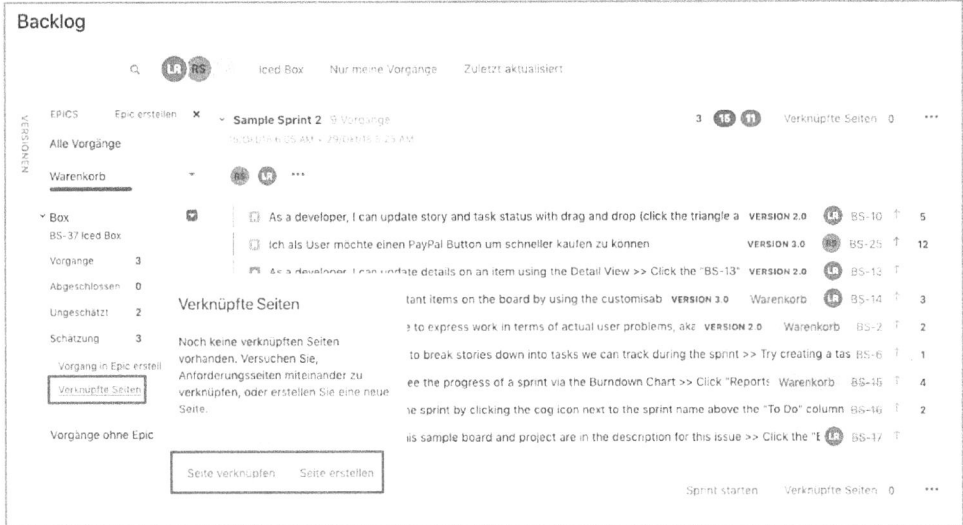

Abb. 96: Scrum Board – Epic Panel (2)

5 Glossar

Administrator
Der Systemadministrator verwaltet die Jira-Website einer Organisation. Dafür bekommt der Administrator besondere Rechte eingeräumt. Er kann Zugriffe sperren oder partiell freigeben. Die Entscheidungen, welche Bereiche für alle Nutzer im System frei zugänglich sind, werden an ihn weitergeleitet.

Arbeitsabläufe
Dein Projekt enthält verschiedene Backlog Items, die vom Team bearbeitet werden können und in diesem Zug einen bestimmten Arbeitsablauf durchlaufen: von der Erstellung bis hin zur Fertigstellung. Diesen Ablauf nennt man in Jira Arbeitsablauf oder in der englischen Version Workflow.

Artefakte
Artefakte sind das Product Backlog, Sprint Backlog und das Inkrement. Ziel der Artefakte ist, die Arbeit und ihren Wert im Rahmen des Scrum-Prozesses transparent zu machen.

Benutzer
Benutzer sind die Personen, die mit Jira arbeiten. Sie bekommen vom Administrator bestimmte Rechte zugeordnet, in deren Rahmen sie sich bewegen können.

Bildschirmmaske

Bildschirmmasken sind Oberflächen, die innerhalb von Jira, wie z.B, beim Erstellen eines Backlog Items, als Pop-up-Fenster dargestellt werden. Auch wenn man auf Backlog Items klickt, wird eine Bildschirmmaske angezeigt. Diese können individuell eingestellt werden. Es gibt aber auch die Möglichkeit, Bildschirmmasken für bestimmte Aktionen zu erstellen.

Burn-down Chart

Burn-down Charts zeigen den Fortschritt bezogen auf die noch zu erledigenden Aufgaben in Relation zur Zeit an. Burn-down Charts sind eine optionale Möglichkeit in Scrum, den Fortschritt transparent zu machen.

Cumulative Flow Chart

Cumulative Flow Charts zeigen den Fortschritt des noch zu schaffenden Aufwands als Anstieg inklusive verschiedener Detailinformationen bezogen auf den aktuellen Status in Relation zur Zeit an. Cumulative Flow Charts sind eine optionale Möglichkeit in Scrum, den Fortschritt transparent zu machen.

Daily Scrum

Ein Event mit einer festgelegten Zeitdauer von maximal 15 Minuten. Es dient dem Entwicklungsteam, den anstehenden Tag der Entwicklungsarbeit während eines Sprints zu planen. Änderungen und Aktualisierungen werden im Sprint Backlog eingetragen.

Definition of Done

zu deutsch Definition von „Fertig": Ein gemeinsames Verständnis über die Erwartungen, die die Software (oder das zu entwickelnde Produkt) erfüllen muss, um ausgeliefert werden zu können. Sie wird vom Entwicklungsteam gemanagt.

Development Team
zu deutsch Entwicklungsteam: Das Entwicklungsteam ist die Rolle im Scrum-Team, die dafür verantwortlich ist, all die Entwicklungsarbeit zu leisten, die notwendig ist, um in jedem Sprint ein auslieferungsfähiges Inkrement des Produktes zu erstellen.

Epics
Epics werden vom Product Owner erstellt, damit er die Arbeit im Product Backlog besser organisieren kann. Dieses Epic enthält verschiedene Backlog Items, die zu einem gemeinsamen Themengebiet gehören.

Felder
Felder werden innerhalb der Bildschirmmasken angezeigt, diese beinhalten die einzelnen Eigenschaften, welche einem Backlog Item hinzugefügt werden sollen. Beispielhafte Felder sind Zusammenfassung, Schätzung oder Priorität. Diese Felder können individuell erstellt werden.

Inkrement
Ein Teil einer funktionierender Software, die zu einem bereits vorher entwickelten Inkrement hinzugefügt wird. Alle Inkremente zusammen ergeben ein Produkt.

Product Backlog
Eine nach Rang geordnete Liste der Arbeit, die noch zu erledigen ist, um ein Produkt zu entwickeln, in Stand zu halten oder fortzuführen. Das Product Backlog wird vom Product Owner gemanagt.

Product Backlog Refinement
Die Tätigkeit während des Sprints, durch die der Product Owner und das Entwicklungsteam Detailinformationen zum Product Backlog hinzufügen.

Product Owner
Die Rolle in Scrum, die dafür verantwortlich ist, den Wert des Produkts zu maximieren. Dies erfolgt vorrangig dadurch, dass der Product Owner fortlaufend die fachlichen und geschäftlichen Erwartungen an das Produkt in Abstimmung mit dem Entwicklungsteam managt.

Schema
Ein Schema fasst mehre spezielle Einstellungen in Jira zusammen.

Scrum
Ein Rahmenwerk, um Teams bei komplexen Produktentwicklungen zu unterstützen. Scrum besteht aus dem Scrum-Team und den dazugehörigen Rollen, Meetings, Artefakten und Regeln, so wie diese im Scrum Guide beschrieben sind.

Scrum Guide
Die Definition von Scrum, geschrieben und zur Verfügung gestellt von Ken Schwaber und Jeff Sutherland, den beiden Entwicklern beziehungsweise Vätern von Scrum. Diese Definition besteht aus Scrum-Rollen, Meetings, Artefakten und den Regeln, die diese verbinden.

Scrum Master
Die Rolle in einem Scrum-Team, die dafür verantwortlich ist, ein Scrum-Team und sein Umfeld bezogen auf ein klares Verständnis von Scrum und seiner Anwendung zu begleiten, beraten und zu schulen.

Scrum-Team
Ein sich selbst organisierendes Team, das aus dem Product Owner, dem Entwicklungsteam und dem Scrum Master besteht.

Selbstorganisation
Managementprinzip, das davon ausgeht, dass Teams ihre Arbeit autonom und selbst organisieren. Diese Selbstorganisation erfolgt innerhalb festgelegter Grenzen auf der Basis von klar vorgegebenen Rollen.

Sprint
Ein zeitlich festgelegtes „Meeting" mit einer maximalen Dauer von 30 Tagen. Es dient als „Container" für andere Scrum-Meetings und Aktivitäten. Sprints erfolgen lückenlos nacheinander, ohne Pausen zwischen den einzelnen Sprints.

Sprint Backlog

Eine Übersicht über die Entwicklungsarbeit, die notwendig ist, um das Sprint-Ziel zu erreichen. Es handelt sich hierbei typischerweise um eine Vorschau auf die Funktionalitäten und die Arbeit, die notwendig ist, um eine Funktionalität zu entwickeln. Das Sprint Backlog wird vom Entwicklungsteam gemanagt.

Sprint Planning

Ein zeitlich begrenztes Event mit einer maximalen Dauer von acht Stunden. Es findet zu Beginn jedes Sprints statt. Es dient dem Scrum-Team dazu, zu überprüfen, welche Arbeit aus dem Product Backlog am besten dafür geeignet ist, als nächstes erledigt zu werden, um dann ins Sprint Backlog übertragen zu werden.

Sprint-Retrospektive

Eine zeitlich begrenztes Event von maximal drei Stunden. Es stellt den Abschluss jedes Sprints dar. Es dient dem Scrum-Team dazu, den letzten Sprint zu überprüfen und Verbesserungen zu planen, die im nächsten Sprint umgesetzt werden sollten.

Sprint Review

Ein zeitlich begrenztes Event mit einer maximalen Dauer von vier Stunden. Ziel ist, die Entwicklungsarbeit des Entwicklungsteams abzuschließen. Es dient dem Scrum-Team und den Stakeholdern dazu, das Inkrement des Produkts, das aus dem Sprint geliefert wurde, zu überprüfen.

Sprint-Ziel

Eine kurze Zusammenfassung des Grunds oder des Mottos des Sprints. Hierbei handelt es sich oft um ein geschäftliches Problem, das adressiert wird. Seine Funktionalitäten können während eines Sprints angepasst werden, um das Sprint-Ziel zu erreichen.

Stakeholder
Eine externe Person, die nicht Teil des Scrum-Teams ist. Sie verfügt über ein besonderes Interesse an oder über Wissen zu dem zu entwickelnden Produkt. Die Stakeholder werden im Scrum-Team über den Product Owner repräsentiert. Aktiv eingebunden werden die Stakeholder im Sprint Review.

Story Points
Story Points ist eine relative Maßeinheit zur Einschätzung der Komplexität eines Backlog Items, um dieses auf „Done" zu setzen. Es geht nicht um die klassische Zeitdauer, die benötigt wird, damit die Story umgesetzt werden kann, sondern um die Komplexität.

User Story
User Stories sind kurze und einfache Beschreibungen, welche Anforderungen aus der Perspektive der Person, die sich die Anforderung wünscht, beinhalten.

Velocity
zu deutsch Geschwindigkeit: Eine optionale, jedoch oft verwendete Indikation dafür, wieviel Backlog Items des Product Backlogs durch das Scrum-Team während eines Sprints in ein Inkrement des Produkts überführt wurden. Es wird vom Entwicklungsteam für das gesamte Scrum-Team getrackt.

Vorgangstypen

Vorgangstypen sind verschiedene Arten von Backlog Items innerhalb von Jira, welche innerhalb von Scrum vom Product Owner erstellt und gepflegt werden, dies geschieht in Abstimmung mit dem Entwicklungsteam.

Index

Add-Ons 119
Aktive Sprints 52
Arbeitsablauf 111
Artefakte 28
Benachrichtigungen 130
Berechtigungen 125
Berichte 52
Bildschirmmasken 101
Bugs 55
Burndown-Chart 80
Confluence 135
Daily Scrum 26
Definition of Done 30
Development-Team 22
Epics 55
Events 25
Felder 101
Flussdiagramm, kumuliertes 82
globale Berechtigungen 125
Gruppen 47
Inkrement 30
Installation 31
Jira Confluence 135
JQL-Abfragen 92
Karte 76
Komponenten 53
kumuliertes Flussdiagramm 82
Marketplace 120
Prioritäten 68
Product Backlog 23, 28, 51
Product Owner 22
Projekteinstellungen 53
Projektrollen 47
Release 52
Releases 71
Rollen 22

Rugby-Approach 21

Schnellfilter 92

Scrum Board 50

Scrum Master 23

Scrum-Prozess 23

Scrum-Rollen 47

Spaltenverwaltung 90

Sprint Backlog 30

Sprint-Bericht 79

Sprint Planning 26, 72

Sprint Review 27

Sprint-Retrospektive 27

Sprint-Ziel 23, 30

Sprints, aktive 52

Story Points 64

Sub-Tasks 55

Such-Funktion 85

Swimlane 92

Swimlanes 75

System-Dashboard 45, 49

Tasks 55

Velocity-Bericht 81

Vorgänge und Filter 52

Vorgangstypen 54, 96

Zusammenfassung aller Einstellungen im Projekt 87